Ein Handbuch zur Schuhherstellung sowie zu Leder- und Gummiprodukten

William H. Dooley

Writat

Diese Ausgabe erschien im Jahr 2024

ISBN: 9789359941608

Herausgegeben von
Writat
E-Mail: info@writat.com

Inhalt

VORWORT

Der Autor wurde 1908 von der Lynn Commission on Industrial Education gebeten, eine Untersuchung europäischer Schuhschulen durchzuführen und die Kommission bei der Vorbereitung eines Studiengangs für die geplante Schuhschule in der Stadt Lynn zu unterstützen. Eine genaue Untersuchung ergab, dass in Europa mehrere Lehrbücher zum Thema Schuhmacherei veröffentlicht wurden, dass jedoch in diesem Land kein allgemeines Lehrbuch zum Schuhmacherhandwerk herausgegeben wurde, das auf die Bedürfnisse von Industrie-, Handels- und Handelsschulen oder solchen, die gerade erst in die Gummibranche eingestiegen sind, zugeschnitten war. Schuh- und Lederhandel. Dieses Buch wurde geschrieben, um diesem Bedürfnis gerecht zu werden. Andere finden es vielleicht interessant.

Der Autor verpflichtet sich gegenüber den folgenden Personen und Firmen zur Information und Unterstützung bei der Erstellung des Buches sowie [vi] zur Erlaubnis zur Reproduktion von Fotos und Informationen aus ihren Veröffentlichungen: Herr JH Finn, Herr Frank L. West, Leiter der Schuhherstellung Department, Tuskegee, Ala., Herr Louis Fleming, Herr F. Garrison, Präsident der *Shoe and Leather Gazette* , Herr Arthur L. Evans, *The Shoeman* , Herr Charles F. Cahill, United Shoe Machinery Company, Hood Rubber Company , Bliss Shoe Company, American Hide and Leather Company, Regal Shoe Company, die Herausgeber von *Hide and Leather* , *American Shoemaking* , *Shoe Repairing* , *Boot and Shoe Recorder* , *The Weekly Bulletin* und die New York Leather Belting Company.

Darüber hinaus möchte der Autor seine Dankbarkeit gegenüber der großen Menge ausländischer Literatur zu den verschiedenen Themen anerkennen, aus der die Informationen stammen.

SCHUHHERSTELLUNG

KAPITEL EINS
GRUNDLEGENDE SCHUHBEDINGUNGEN

Bevor wir die Herstellung von Schuhen erklären, müssen wir uns die Namen ihrer verschiedenen Teile genau merken. Untersuchen Sie Ihre Schuhe und notieren Sie die hier beschriebenen Teile.

Die Unterseite des Schuhs wird Sohle genannt. Der Teil über der Sohle wird Obermaterial genannt. Die Oberseite des Schuhs ist der an der Schnürung gemessene Teil, der den Knöchel und den Spann bedeckt. Das Blatt ist der Abschnitt, der die Seiten des Fußes und die Zehen bedeckt. Der Schaft ist der Teil der Schuhsohle zwischen Ferse und Ballen. Dieser Name wird oft für ein Stück Metall oder eine andere Substanz in diesem Teil der Sohle verwendet, das dem Fußgewölbe Halt geben soll. Der Hals des Oberleders ist der Teil, der sich um die Unterkante des Oberteils krümmt, wo die Schnürung beginnt.

Unter Backstay versteht man einen Lederstreifen, der die hintere Naht des Schuhs bedeckt und verstärkt. Quarter ist ein Begriff, der vor allem bei Halbschuhen verwendet wird und den hinteren Teil des Obermaterials bezeichnet, wenn kein Vollblatt verwendet wird. Knopfleiste ist der Teil des Obermaterials, der die Knopflöcher eines Knopfschuhs enthält. Spitze ist das Vorderteil eines Schuhs, das an das Vorderblatt und an dessen Außenseite angenäht ist. Als Schnürsenkel bezeichnet man einen Lederstreifen, der die Ösenlöcher verstärkt . Zunge bezeichnet einen schmalen Lederstreifen, der bei allen Schnürschuhen verwendet wird, um den Spann vor der Schnürung und Witterungseinflüssen zu schützen.

Namen der verschiedenen Teile der Fußbekleidung. *Seite 2.*

Als Foxing bezeichnet man das Leder des Obermaterials, das sich von der Sohle bis zu den Schnürsenkeln vorne und etwa bis zur Höhe des Schafts hinten erstreckt, was der Länge des Obermaterials entspricht. Es kann aus einem oder mehreren Teilen bestehen und wird oft kreisförmig bis zum Schaft zugeschnitten. Wenn es aus zwei Teilen besteht, wird der Teil, der die Theke bedeckt, als Fersenfuchs bezeichnet. Unter Overlay versteht man Leder, das am oberen Teil des Schuhblatts eines Slipper befestigt wird. Die Fersenbrust ist der innere Teil der Ferse, also der Abschnitt, der dem Unterschenkel am nächsten liegt.

KAPITEL ZWEI
Häute und ihre Behandlung

Wenn wir unsere Schuhe untersuchen, werden wir feststellen, dass die verschiedenen Teile aus einem Material namens Leder bestehen. Die Unterseite des Schuhs besteht aus hartem Leder, während der Teil über der Sohle aus weicherem, geschmeidigerem Leder besteht. Bei diesem Leder handelt es sich um nichts anderes als die Häute verschiedener Tiere, die so behandelt wurden, dass Fett und Haare entfernt wurden.

Nachdem die Häute vom toten Körper des Tieres entfernt wurden, werden sie ziemlich stark gesalzen, um sie vor dem Verderben zu bewahren. In diesem gesalzenen Zustand werden sie zu den Gerbereien verschifft.

Der Prozess oder die Reihe von Prozessen, durch die Häute und Häute von Tieren in Leder umgewandelt werden, wird als Gerben bezeichnet. Der Prozess kann wie folgt in drei Gruppen von Teilprozessen unterteilt werden:

Beamhouse-Verfahren, bei dem die Häute von den Häuten befreit und für den eigentlichen Prozess der Gerbung bzw. Umwandlung in Leder vorbereitet werden; Gerben, bei dem die rohe Haut in Leder umgewandelt wird; und Veredelung, die eine Reihe von Arbeitsgängen umfasst, deren Ziel es ist, dem Leder die gewünschte Farbe zu verleihen, ihm eine gleichmäßige Dicke zu verleihen und ihm die Weichheit und das Finish zu verleihen, die für einen bestimmten Zweck erforderlich sind .

Häute werden in der Gerberei je nach Größe grob in drei allgemeine Klassen eingeteilt:

(1) Häute und Felle von ausgewachsenen Tieren wie Kühen, Ochsen, Pferden, Büffeln, Walrossen usw. Dabei handelt es sich um dickes, schweres Leder, das für Schuhsohlen, Riemen großer Maschinen, Koffer usw. verwendet wird und bei dem Steifheit, Festigkeit, und Trageeigenschaften gewünscht sind. Die ungegerbten Häute wiegen zwischen 25 und 60 Pfund.

(2) Kips, Häute der untergroßen Tiere der oben genannten Gruppe mit einem Gewicht zwischen fünfzehn und fünfundzwanzig Pfund.

(3) Häute von Kleintieren wie Kälbern, Schafen, Ziegen, Hunden usw. Diese letzte Gruppe ergibt ein leichtes, aber starkes und geschmeidiges Leder, das für viele Zwecke verwendet werden kann, beispielsweise für Herrenschuhe und schwerere Qualitäten von Damenschuhen.

Die Häute, Kips und Felle werden je nach Gewicht, Größe, Zustand und Qualität in verschiedene Qualitäten eingeteilt.

Die Qualität der Häute hängt nicht nur von der Art des Tieres ab, sondern auch von dessen Futter und Lebensweise. Die Häute wilder Rinder ergeben ein kompakteres und stärkeres Leder als die unserer domestizierten Tiere. Unter diesen letzteren haben die im Stall gefütterten Rinder bessere Häute als die auf der Wiese oder auf der Weide gehaltenen Rinder. Die Dicke der Haut variiert je nach Tier und Körperteil erheblich. Der dickste Teil des Bullen befindet sich in der Nähe des Kopfes und der Mitte des Rückens, während die Haut am Bauch am dünnsten ist. Bei Schafen, Ziegen und Kälbern sind diese Unterschiede weniger auffällig. Bei Schafen scheint es, dass ihre Haut im Allgemeinen dort am dünnsten ist, wo ihre Wolle am längsten ist.

Im rohen, ungegerbten Zustand und mit noch darauf befindlichen Haaren werden die Häute als „grün" oder „frisch" bezeichnet. Frische oder grüne Häute werden von den Packern oder Metzgern an die Gerber geliefert oder trocken oder gesalzen importiert.

Häute werden entweder von den regulären Packhäusern oder von Bauern bezogen, die ihren eigenen Bestand töten und das Tier nicht so wissenschaftlich häuten wie die regulären Packhäuser. In diesem Fall werden sie als Landhäute bezeichnet. Es gibt verschiedene Qualitäten von Häuten und Leder, und diese verschiedenen Qualitäten werden in der Handelswelt in die folgenden fünf Qualitäten unterteilt:

I. EINHEIMISCHE HÄUTE

- Einheimische Ochsen

- Einheimische Kühe, schwer

- Einheimische Kühe, hell

- Gebrandmarkte Kühe

- Hintern

- Colorado Ochsen

- Texas Steers, schwer

- Texas Steers, hell

- Texas Steers, Ex-Licht

- Einheimische Bullen

- Gebrandmarkte Bullen

II. LÄNDLICHE HÄUTE

- Ohio-Fans

- Ohio Ex.

- Südstaatler

III. TROCKENE HÄUTE

(Erhaben auf der Ebene. Raue Seite für Sohlen geeignet.)

- Buenos Ayres

IV. KALBSLEDER

(Grün gesalzen)

- Chicago-Stadt

V. KALBSLEDER DER PARIS-STADT

- Licht

- Mittel

- Schwer

Häute von Ochsen, die auf westlichen Farmen gezüchtet wurden, werden als einheimische Ochsenhäute bezeichnet.

Einheimisches Rindsleder (schwer) ist Fell mit einem Gewicht von 55 bis 65 Pfund, das von Kühen stammt.

Natives Rindsleder (hell) ist Rindsleder mit einem Gewicht von weniger als 55 Pfund.

Bei gebrandetem Rindsleder handelt es sich um Häute von Kühen, die auf der Vorderseite gebrandet sind.

Als Hintern bezeichnet man den Teil der Haut, der nach dem Abschneiden von Kopf, Schultern und Bauchstreifen übrig bleibt.

Das Fell von Colorado-Ochsen stammt von Colorado-Ochsen, die sehr leicht sind.

Texas-Ochsenleder gibt es in drei Qualitäten: schwer, leicht und extra leicht. Die schwere Sorte ist sehr schwer, da das Tier auf der Ebene grasen darf. Aus diesem Grund ist es schwerer als das Colorado-Rindsleder, das auf der Farm gezüchtet wird.

Bullenleder wird in zwei Klassen eingeteilt: das normale Fell und das Markenleder. Die Markensorte kostet in der Regel einen Cent pro Pfund weniger als die reguläre Sorte.

Es gibt drei Qualitäten von Country-Häuten: Ohio Buffs, Ohio Ex. und Southern. Die Ohio Buffs wiegen zwischen 40 und 60 Pfund. Der Ohio Ex. wiegt zwischen zwanzig und vierzig Pfund. Südliche Häute weisen aufgrund von Insektenstichen unbehaarte Flecken und andere Schönheitsfehler auf. Dadurch ist das Southern-Haut den Häuten aus Ohio, Indiana, Michigan und Chicago unterlegen, die keine derartigen Schönheitsfehler aufweisen. Ohio Butt-Häute sind die besten, weil sie in Ohio sehr viele junge Kälber töten, während in Chicago junge Kühe (die gekalbt haben) getötet werden, was dazu führt, dass die Haut flanken wird .

Die Jahreszeit, in der Rinder geschlachtet werden, hat erheblichen Einfluss auf das Gewicht und den Zustand der Haut. Während der Wintermonate ist das Fell aufgrund der längeren und dickeren Haare schwerer und liegt zwischen 75 und 80 Pfund. Mit der wärmeren Jahreszeit und dem Fellverlust nimmt das Gewicht allmählich ab, bis in die Monate Juni und Juli es wiegt zwischen 70 und 55 Pfund, das Haar ist dann dünn und kurz. Die besten Häute des Jahres sind Oktoberhäute, und kurzhaarige Häute eignen sich besser für Lederzwecke als langhaarige.

Eine dicke Haut, die für das Oberleder verwendet werden soll, wird vor Abschluss des Gerbvorgangs in die Seiten geschnitten. Dazu wird es zwischen Rollen geführt, wo es mit einer scharfen Messerkante in Kontakt kommt, die es in zwei oder mehr Blätter spaltet. Beim Schneiden des Leders ist große Sorgfalt erforderlich, um gute „Spaltungen" (Lederblätter) zu erhalten. Ein Spalt aus schwerem Leder ist nicht so gut wie ein Ganzes aus leichterem Leder.

Kolben und Boden werden aus den stärksten und schwersten Ochsenhäuten ausgewählt . Der Po entsteht durch Abschneiden des Kopfes, der Schulter und des Bauchstreifens. Der Schaft oder die Rückseite des Ochsenleders bildet das stärkste und schwerste Leder, das beispielsweise für Sohlen von Stiefeln, Pferdegeschirren usw. verwendet wird.

Grün gesalzenes Kalbsleder. *Seite 12.*

Häute und Felle werden in einer von drei Bedingungen in der Gerberei entgegengenommen: grüngesalzen, trocken oder trockengesalzen. Gerber erhalten nur sehr wenige Häute in frischem oder ungesalzenem Zustand, da Salz erforderlich ist, um sie vor dem Verfall zu bewahren. Bei grüngesalzenen Häuten handelt es sich um Häute, die frisch gesalzen, zu Bündeln zusammengebunden und zum Gerber transportiert werden. Trockene Häute sind solche, die vom Kadaver entnommen und getrocknet wurden, ohne gesalzen zu werden; Diese sind normalerweise steif und hart. Trockengesalzene Häute sind Häute, die im frischen Zustand stark gesalzen und anschließend getrocknet wurden. Die Häute und Felle, die aus den Schlachthöfen dieses Landes stammen, sind fast ausnahmslos grün gesalzen; diejenigen aus dem Ausland sind grüngesalzen, trocken und trockengesalzen.

Es spielt keine Rolle, in welchem Zustand die Häute ankommen oder in welche Lederart sie gegerbt werden sollen; Sie alle müssen in Wasser eingeweicht werden, bevor versucht wird, die Haare zu entfernen oder sie zu bräunen. Der Zweck des sogenannten Einweichvorgangs besteht darin, die Häute gründlich aufzuweichen und Salz, Schmutz, Blut usw. von ihnen zu entfernen. Gewöhnliche Häute werden normalerweise 24 bis 48 Stunden lang eingeweicht. Trockene Häute brauchen wesentlich länger. Das Wasser sollte während des Vorgangs ein- bis zweimal gewechselt werden, da schmutziges Wasser die Häute beschädigen kann. Weiches Wasser ist für diesen Prozess besser als hartes. Bei hartem Wasser ist es üblich, dass der Gerber ihm eine Menge Borax hinzufügt, um die Reinigungskraft zu erhöhen und das Erweichen der Häute zu beschleunigen.

Wenn trockene Häute weich genug sind, um sich zu biegen, ohne zu reißen, werden sie in eine Maschine gegeben, geschlagen und gerollt und dann erneut eingeweicht, bis sie weich und biegsam sind. Es ist sehr wichtig, dass beim Einweichen sämtliches Salz und Schmutz entfernt wird, da sie die Qualität des Leders beeinträchtigen, wenn sie nicht vor dem Enthaaren der Häute entfernt werden. Nach Abschluss des Einweichvorgangs werden die eventuell vom Metzger zurückgebliebenen Fett- und Fleischklumpen von Hand oder maschinell entfernt und die Häute sind dann in einem Zustand, in dem sie dem nächsten Prozess zugeführt werden können. Die Teile, die nicht zu Leder verarbeitet werden können, wie Schwänze, Zitzen usw., werden vor dem Einweichen der Häute abgeschnitten. Große Häute werden nach dem Einweichen in zwei Stücke oder Hälften, sogenannte „Seiten", geschnitten.

Um die Häute und Felle zu enthaaren, werden Kalk, Schwefelnatrium und rotes Arsen verwendet. Kalk wird manchmal allein verwendet, normalerweise wird ihm jedoch eine der beiden anderen Chemikalien beigemischt. Der Kalk wird in heißem Wasser aufgelöst, eine Menge Schwefelnatrium oder rotes Arsen zugesetzt und die Lösung dann in einem Bottich mit Wasser vermischt, wobei die Häute in diese Flüssigkeit eingetaucht werden, bis sich die Haare leicht entfernen lassen. Die Wirkung der Enthaarungsflüssigkeit besteht darin, die Häute aufzuquellen, dann den verderblichen Tieranteil aufzulösen und die Haare zu lockern, so dass sie gerieben oder abgezogen werden können.

Es gibt verschiedene Verfahren zum Enthaaren der Häute. Jeder Gerber verwendet das Verfahren, das dazu beiträgt, dem Leder die Eigenschaften zu verleihen, die es haben sollte, wie z. B. Weichheit und Geschmeidigkeit bei Schuh- und Handschuhleder oder Festigkeit und Festigkeit bei Sohlen- und Gürtelleder. Dies ist einer der wichtigsten Prozesse in der Gerberei. Wenn die Häute nicht richtig enthaart und nicht wie vorgesehen für das Gerben vorbereitet werden, ist das Leder nach der Gerbung und Endbearbeitung nicht richtig.

Es gibt auch einen Vorgang des Enthaarens, das „Schwitzen" genannt wird, der die Haut weicher macht und die Haare lockert, so dass sie abgekratzt werden können. Bei diesem Vorgang beginnen die Häute zu verfaulen, bevor sich die Haare lösen; Es ist daher ein gefährlicher Prozess und muss sorgfältig überwacht werden, sonst werden die Häute völlig verdorben. Bei den feineren, weicheren Lederarten wird das Schwitzen nicht angewendet. Es wird hauptsächlich auf trockene Häute für Sohlen-, Spitzen- und Gürtelleder aufgetragen. Es handelt sich um ein altmodisches Verfahren, das heutzutage nicht mehr so häufig eingesetzt wird wie noch vor einigen Jahren.

Die Felle der Schafe werden in den Schlachthöfen gesalzen und dann zur Gerberei transportiert. Hier werden sie in Wasser geworfen und 24 Stunden lang eingeweicht, um den Schmutz zu lösen und das Salz aufzulösen. Anschließend werden die Felle durch Maschinen geleitet, die die Wolle reinigen und alle auf der Innenseite oder Fleischseite verbleibenden Fleischpartikel entfernen. Die Felle sind dann in einem Zustand, in dem die Wolle entfernt werden kann. Solange ein Schaffell Wolle trägt, wird es Fell genannt; Sobald die Wolle entfernt wurde, spricht man von einer Haut oder „Latte".

Jedes Fell wird glatt auf einem Tisch ausgebreitet, mit der Wolle nach unten und der Innen- oder Fleischseite nach oben. Anschließend wird mit einem Pinsel eine Mischung aus Kalk und Natriumsulfid gleichmäßig auf die Haut aufgetragen. Das Fell wird dann zusammengefaltet und zusammen mit anderen auf einen Stapel gelegt. Die aufgetragene Lösung dringt in die Haut ein und löst die Wolle, die sich nach mehr oder weniger vierundzwanzig Stunden leicht mit den Händen abziehen oder mit einem stumpfen Instrument oder Stock abreiben lässt. Der Arbeiter muss darauf achten, dass nichts von der Lösung auf die Wolle gelangt, da diese dadurch aufgelöst und wertlos wird. Da die Wolle wertvoll ist, muss die Lösung sehr vorsichtig auf die Fleischseite aufgetragen werden, damit sie nicht verletzt. Die Wolle, die von den Häuten entfernt wird, wird „Pull Wool" genannt.

Die Latte kann nun gekalkt, gewaschen, gebeizt und gegerbt werden. Schwere Felle werden nach dem Kalken oft in zwei Schichten gespalten. Der Teil auf der Wollseite wird als Schälchen bezeichnet, der Teil auf der Fleischseite wird als Fleischer bezeichnet.

Nachdem die Häute gekalkt wurden, werden sie gebeizt und gewaschen, wodurch sie weich, sauber und weiß werden. Anschließend werden sie in eine Lösung aus Salz, Schwefelsäure und Wasser, die sogenannte „Gurke", gegeben und nach ein paar Stunden herausgenommen, abgetropft und gegerbt.

Große Mengen Schaffelle werden in eingelegtem Zustand an Gerber verkauft, die ihr Geschäft mit der Herstellung solcher Felle und dem Verkauf der Wolle betreiben. Eingelegte Schalen können unbegrenzt lange aufbewahrt werden, ohne zu verderben; Sie können auch getrocknet und ohne weitere Gerbung zu einem billigen weißen Leder verarbeitet werden. Die meisten dieser Häute werden jedoch an Gerber verkauft, die sie zu Leder gerben. Schaffelle enthalten viel Fett, das vor dem Verkauf des Leders entfernt werden muss.

Für einige Gerbprozesse werden Kalbs-, Ziegen- und Rinderhäute ebenso wie Schaffelle gebeizt; Für andere Verfahren werden sie nicht gebeizt, sondern gründlich gebeizt oder entkalkt, gewaschen und gereinigt. Schwere Häute werden manchmal aus dem Kalk gespalten; häufiger erfolgt die Spaltung jedoch erst nach dem Gerben.

Um zu kapitulieren, können die Vorbereitungsprozesse kurz wie folgt beschrieben werden:

Durch das Einweichen wird das Salz gelöst, der Schmutz entfernt und die Häute werden weich und vergleichsweise sauber.

Durch Äschern und Enthaaren quellen die Häute auf und lösen den verderblichen Tieranteil auf, lockern die Haare und versetzen die Häute in einen geeigneten Zustand zum Gerben. Häute, die ohne Äscherung gegerbt wurden, ergeben kein biegsames Leder, sondern sind steif und hart, selbst wenn die Haare durch eine Chemikalie entfernt werden.

Beizen, das den Kalk von den Häuten entfernt.

Das Beizen hilft beim späteren Gerben und verhindert, dass Häute und Felle verderben, wenn sie nicht sofort gegerbt werden.

Eventuell auf der Haut befindliche Fett- und Fleischklumpen werden maschinell oder dadurch entfernt, dass die Haut über einen Balken gelegt und mit einem Messer abgeschabt wird. Die durch den Kalk gelösten Haare werden maschinell oder von Hand entfernt.

KAPITEL DREI
PROZESSE DER GERÄUNUNG

Die verschiedenen Gerbverfahren lassen sich grob in zwei Klassen einteilen: pflanzliche und mineralische Gerbstoffe. Die erste Klasse wird in Gerbereien oft einfach als „pflanzlicher" Prozess bezeichnet, während die zweite Klasse als „chemischer" Prozess bezeichnet wird. Bei den pflanzlichen Prozessen erfolgt die Gerbung durch Tannin, das in verschiedenen Rinden und Hölzern von Bäumen sowie in Blättern von Pflanzen vorkommt. Bei den sogenannten chemischen Verfahren erfolgt die Gerbung mit Mineralsalzen und Säuren, wodurch ein völlig anderes Leder entsteht als bei der pflanzlichen Gerbung.

Es gibt auch eine Methode des Gerbens, oder besser gesagt des Tauens, bei der Alaun und Salz verwendet werden. Durch diesen Prozess entsteht weißes Leder, das für viele Zwecke verwendet wird; Es wird auch gefärbt und zur Herstellung feiner Handschuhe verwendet. Leder wird auch durch Gerben von Häuten mit Öl hergestellt. Auf diese Weise werden Gamsfelle hergestellt.

Die Materialien, die zum Gerben von Häuten und Fellen verwendet werden, wirken so auf die Hautfasern ein, dass die Häute fäulnisbeständig und geschmeidig und fest werden. Es gibt viele pflanzliche Bräune; Sie werden für zahlreiche Zwecke als Sohlenleder, Oberleder und farbiges Leder verwendet. Die Rinde von Hemlock-Bäumen ist einer der Hauptbräuner. Häufig werden Hölzer und Rinden von Eichen-, Kastanien- und Quebrachobäumen verwendet. Palmettowurzeln sorgen für eine gute Bräune. Große Mengen Leder werden mit Gambier und verschiedenen anderen Gerbstoffen behandelt, die aus dem Ausland stammen. Sumachblätter, die aus Sizilien importiert werden, enthalten Tannin, das weiches Leder für Hutschweißbänder, Hosenträgerbesätze usw. geeignet macht. Sumach wird auch aus dem Bundesstaat Virginia gewonnen, aber die ausländischen Blätter enthalten mehr Tannin und ergeben besseres Leder als das amerikanische.

Die sogenannten chemischen Prozesse haben die pflanzlichen Prozesse, also die alten Tannrinden- und Sumachprozesse, weitgehend verdrängt; In einigen Gerbereien werden jedoch beide Methoden für unterschiedliche Fellarten angewendet.

Beim Altrindenverfahren wird die Gerbrinde grob gemahlen und anschließend in Laugen mit heißem Wasser behandelt, bis die Gerbqualität entfaltet ist. Die so erhaltene Flüssigkeit wird je nach Bedarf in verschiedenen Stärken verwendet.

Bei der neueren Methode wird die bräunliche Flüssigkeit durch eine Lösung von Kaliumbichromat ersetzt, wodurch die Ergebnisse mit viel weniger Zeitaufwand erzielt werden.

Wenn die Häute oder Felle für den Gerbprozess bereit sind, werden sie in eine rotierende Trommel, ein sogenanntes „Windrad", oder in eine Grube mit rotierenden Paddeln gegeben und mit einer verdünnten Lösung aus Kaliumdichromat oder Natriumdichromat angesäuert Salz- oder Schwefelsäure . Wenn das Windrad verwendet wird, wird es sieben Stunden oder länger gedreht; Nach dieser Zeit wird die Flüssigkeit abgezogen und durch eine angesäuerte Lösung von Natriumthiosulfat oder -bisulfit ersetzt , und dann wird die Umwälzung mehrere Stunden länger fortgesetzt. Wenn die Grube verwendet wird, werden die Häute in ein anderes Fass mit der zweiten Lösung gegeben und dort für eine ähnliche Zeitspanne ruhen oder umgedreht.

Beim Entfernen der Häute vom Windrad oder Bottich und bei der Handhabung nach der Behandlung mit Kalk zum Lösen der Haare werden die Hände und Arme der Arbeiter schwer verletzt und werden wund, wenn sie nicht durch Gummihandschuhe geschützt werden. Selbst mit Handschuhen ist es schwierig, Verletzungen zu verhindern, und in manchen Betrieben werden die Arbeiter durch die Verwendung eines Einzelbadverfahrens entlastet, bei dem die Flüssigkeit weniger schädlich für die Haut ist.

Bräunungsprozess

Zeigt die Bottiche, den Enthaarungs- und Äschervorgang. *Seite 24.*

Anschließend werden die Häute aus den Gruben genommen, gewaschen und gebürstet und anschließend langsam an der Luft getrocknet. Wenn sie teilweise getrocknet sind, werden sie auf einen Stapel gelegt und abgedeckt, bis eine Erhitzung erfolgt. Anschließend werden sie angefeuchtet und mit Messingwalzen gerollt, um dem Leder Festigkeit zu verleihen. Das Sohlenleder ist nur wenig geölt. Durch die Zugabe von Glukose und Salz wird das Gewicht erhöht.

Es wurden verschiedene schnelle Gerbverfahren entwickelt, bei denen die Häute in starken Flüssigkeiten suspendiert oder in großen rotierenden Trommeln gegerbt werden. Es wird behauptet, dass dies den Prozess beschleunigt, es wird jedoch kritisiert, dass das Produkt keine Substanz hat oder brüchig ist.

Die Chromgerbung wurde in diesem Land vor allem in den letzten zwanzig Jahren entwickelt und ist heute allgemein verbreitet. Dabei wird ein unlösliches Chromhydroxid oder -oxid auf die Fasern einer Haut geworfen, die mit einem löslichen Chromsalz – Kaliumbichromat – imprägniert wurde. Andere Salze wie basisches Chromchlorid, Chromchromat und Chromalaun werden ebenfalls verwendet. Die Salz- oder Schwefelsäure setzt Chromsäure frei.

Nach mehreren Stunden zeigt die Haut eine gleichmäßige Gelbfärbung, wenn man sie an der dicksten Stelle durchschneidet. Anschließend wird es abgelassen und die Haut in einer Lösung aus Natriumbisulfit und Mineralsäure behandelt (um Schwefeldioxid freizusetzen). Die Chromsäure wird von der Faser aufgenommen und später durch Schwefeldioxid reduziert
.

Bei der Herstellung von chromschwarzem Leder hat jeder Gerber seine eigene Methode. Entgegen der landläufigen Meinung gibt es viele verschiedene Methoden der Chromgerbung. Keine zwei Gerbereien wenden das gleiche Verfahren an.

Chromledergerber streben danach, Leder herzustellen, das den besonderen Anforderungen gerecht wird, die durch die Besonderheiten oder Eigenschaften der verschiedenen Jahreszeiten an das Leder gestellt werden. Sommerschuhe erfordern ein kühles, leichtes Leder; In anderen Fällen ist eine stärkere Gerbung erforderlich, und manche fordern ein praktisch wasserfestes Produkt.

Alle Leder, ob pflanzlich oder chromgegerbt, müssen „gefettet“ sein. Das heißt, es muss eine bestimmte Menge an Fett in die Haut eingebracht werden, damit sie weich, bearbeitbar und brauchbar ist. Dies ist bei der Herstellung von Kalbsleder sehr wichtig. Fettlösungen enthalten in der Regel Öl und

Seife, die in Wasser gekocht und zu einer Dünnflüssigkeit verarbeitet wurden. Das Leder wird mit der heißen Fettlauge in ein Fass gegeben; Die Trommel wird in Bewegung gesetzt, und während sie sich dreht, wälzt sich das Leder in der Trommel hin und her und nimmt das Öl und die Seife aus dem Wasser auf. Es ist die Fettflüssigkeit, die das Leder weich und fest macht.

Das in Schuhen verwendete Leder wird in zwei Klassen eingeteilt: Sohlenleder und Oberleder.

Sohlenleder ist ein schweres, festes, steifes Leder und lässt sich biegen, ohne zu reißen. Es ist die Grundlage des Schuhs und sollte daher aus dem besten Material bestehen. Die Häute von Bullen und Ochsen liefern hierfür das beste Leder.

Die für Sohlenleder gegerbte Haut wird mehrere Tage lang in einer schwachen (mit der Zeit immer stärker werdenden) Lösung aus Eichen- oder Hemlock-Gerbe aus der Rinde eingeweicht. Bevorzugt wird eichengegerbtes Fell, das an seiner hellen Farbe erkennbar ist. In der Faser der Haut findet eine chemische Veränderung statt. Es handelt sich um eine hochwertige Gerbung, die sich vor allem durch ihre feinen Fasern und die dichte, kompakte Textur auszeichnet.

Eichensohlenleder ist aufgrund seines robusten Charakters und seiner dichten, faserigen Textur wasserbeständig und nutzt sich lange ab, bevor es reißt. Viele halten es für besser als anderes Leder für Schuhe mit flexibler Sohle, da wasserfeste Eigenschaften erforderlich sind.

Sohlenleder wird je nach Gerbung in drei Klassen eingeteilt: Eiche, Hemlock und Union.

Bräunungsprozess

Zeigt die rotierenden Trommeln. *Siehe Seite 24* .

Die Eichengerbung erfolgt wie folgt: Die Häute werden in Gruben gehängt, die schwache oder fast verbrauchte Brühen aus einer früheren Gerbung enthalten, und gerührt, damit das Tannin gleichmäßig aufgenommen wird. Starke Flotte würde die Oberfläche verhärten und so ein vollständiges Eindringen in das Innere der Häute verhindern. Nach zehn oder zwölf Tagen werden die Häute herausgenommen und in frischem Braun und kräftigerem Likör eingelagert. Dieser Vorgang wird acht bis zehn Monate lang so oft wie nötig wiederholt. Am Ende dieser Zeit hat die Haut das gesamte Tannin aufgenommen, das sie aufnehmen wird.

Der Hemlock-Gerbungsprozess ähnelt dem Eichen-Gerbungsprozess. Die Hemlock-Bräune ist ein roter Farbton. Hemlock ergibt ein sehr hartes und unflexibles Leder. Die Modifizierung erfolgt durch Bleichmittel, die nach dem Gerben auf das Leder aufgetragen werden. Es wird in Teilen ohne Beschnitt verkauft, während die Eiche in Rückenform mit abgeschnittenem Bauch und Kopf verkauft wird.

Hemlock-Leder wird häufig und fast hauptsächlich für schwere Herren- und Jungenschuhe mit steifer Sohle verwendet, bei denen keine Flexibilität erforderlich oder erwartet ist. Seine wichtigste wünschenswerte Eigenschaft ist seine Widerstandsfähigkeit gegen Verreiben oder Zermahlen zu einem Pulver, und seine Verwendung in Schuhen mit Zapfen, Nägeln oder Standardschrauben für Männer und Jungen ist für den Träger in keiner Weise zu beanstanden. Tatsächlich ist es für diese Schuhklasse wahrscheinlich das beste Leder, das verwendet werden kann. Wenn Hemlock jedoch in rahmengenähten Herren- und Jungenschuhen von Goodyear verwendet wird, bei denen eine flexible Sohle erwartet und erforderlich ist, werden im Allgemeinen keine guten Ergebnisse erzielt. Sie kann der ständigen Biegung, der sie ausgesetzt ist, nicht ausreichend standhalten, und nachdem die Sohle zur Hälfte abgenutzt ist, führt die ständige Biegung zu Querrissen. Aus diesem Grund ähnelt es einem Sieb und hat im Wasser keine Widerstandskraft, weshalb es für Schuhe mit flexiblem Boden überhaupt nicht geeignet ist.

Bei „union-tanned"-Häuten werden sowohl Eichenholz als auch Hemlocktanne verwendet und das Ergebnis ist ein Kompromiss in Farbe und Qualität. Diese Bräune wurde erstmals vor etwa fünfzig Jahren verwendet. Vor 25 Jahren begannen die Ledergerber der Union, mit Bleichmitteln zu experimentieren, um die Verwendung von Eichenrinde zu vermeiden, die knapp und teuer wurde, und entwickelten schließlich ein System zum Gerben von Unionsleder mit Hemlock oder verwandten Gerbstoffen, ausgenommen Eiche. Die rote Farbe und die harte Textur wurden durch Bleichen des Leders auf die gewünschte Farbe und Textur verändert. Dadurch entsteht Leder, das nicht die feine, intensive Gerbung von echtem Eichenleder aufweist und gleichzeitig nicht den kompakten, harten Charakter von Hemlock-Leder aufweist. Auf diese Weise hergestelltes Union-Leder ist eine Art Mischlings- oder Hybridleder und weder Eiche noch Hemlock. Aufgrund seiner wirtschaftlichen Schnittqualität wird es jedoch vor allem bei der Herstellung von mittelpreisigen Schuhen eingesetzt, bei denen eine gewisse Flexibilität der Sohle erforderlich ist. Dies gilt insbesondere für Damenschuhe.

Union-Leder wird größtenteils in Rückseitenform verkauft und ist mit dem gleichen Besatz wie Eichenholz versehen, wenn auch nicht ganz so ähnlich.

Heutzutage wird Sohlenleder auch durch Gerben der Häute durch Chrom- oder chemische Verfahren hergestellt. Dieses Leder ist sehr langlebig und geschmeidig und wird für Sport- und Sportschuhe verwendet. Es hat eine hellgrüne Farbe und ist viel leichter als Eichen- oder Hemlockleder.

Für Sohlenleder werden viele Arten von Häuten verwendet. Dieses Land produziert nicht annähernd genug Häute, um den Bedarf zu decken, und es werden große Mengen aus dem Ausland importiert, obwohl die meisten importierten Häute aus Südamerika stammen. Importierte Häute werden in zwei allgemeine Klassen eingeteilt: trockene Häute und grün gesalzene Häute.

Es gibt zwei Arten von Trockenhäuten, den trockenen „Feuersteinen", die sorgfältig getrocknet werden, nachdem sie dem Tier entnommen und ohne Salz gepökelt wurden. Diese ergeben im Allgemeinen gutes Leder, obwohl das Leder bei Sonnenbrand nicht stark ist. „Trockengesalzene Häute" werden gesalzen und trocken gepökelt. Trockene Häute beider Arten werden nur für Hemlock-Leder verwendet, obwohl nicht alles Hemlock-Leder aus trockenen Häuten hergestellt wird.

Für die Herstellung von eichengegerbtem Leder und Hemlockleder werden grün gesalzene Häute verwendet, und die von Gerbern in den Vereinigten Staaten verwendeten Häute stammen größtenteils aus einheimischen Quellen; Es wird jedoch jedes Jahr eine variable Menge aus dem Ausland importiert, hauptsächlich aus Europa und Südamerika. Grüngesalzene Häute lassen sich in zwei allgemeine Klassen einteilen: solche mit Markenzeichen und solche ohne Markenzeichen.

Rinds- und Ochsenhäute der Markenart werden von Gerbern aus Eichen- und Unionleder verwendet. Leder ohne Markenzeichen werden hauptsächlich für Gürtel- und Polsterleder verwendet, ein kleiner Teil findet seinen Weg in Hemlock-Leder.

Streng genommen umfassen Sohlenlederreste eine so große Vielfalt, dass es schwierig ist, sie alle abzudecken. Allerdings sind sich nur wenige Menschen der großen Einsatzmöglichkeiten dieser Aktienklasse bewusst. Obwohl es sich nicht gerade um ein Nebenprodukt handelt, werden Reste oft als solche eingestuft. Unter die Klasse der Sohlenlederreste fallen Sohlenledernebenprodukte wie Köpfe, Bäuche, Schultern, Unterschenkel, Schienbeine, Herrenabsätze, Halbabsätze für Männer, drei- und vierteilige Absätze für Männer und Frauen usw. Lagerbestände, die nicht verwendet werden können Im Schuhgeschäft geht es unter anderem um den Chemie- und Düngemittelhandel. Durch einen speziellen Säureprozess bei der Verbrennung dieses Rohstoffs wird Ammoniak gewonnen, das als Dünger verwendet wird. und ein weiteres Nebenprodukt ist Schwefelsäure für den Chemiehandel. Die gewonnene Ammoniakmenge ist gering und beträgt etwa sieben Prozent Ammoniak pro Tonne Sohlenlederabfälle. Dieses wird mit Düngemitteln vermischt und hauptsächlich in den Südstaaten und in geringem Umfang auch im Westen verkauft, da in vielen westlichen Staaten die Verwendung von aus Lederprodukten hergestellten Düngemitteln aufgrund seiner geringen Qualität gesetzlich verboten ist.

Innereien aus Sohlenleder

Darstellung von Bäuchen, Schultern usw. *Seite 35.*

Bei der Entsorgung von Innereien werden Köpfe für Zapfstellen, Ober- und Unterheber verwendet. Schultern werden für Außensohlen und Innensohlen verwendet, während Bäuche für mittelschwere bis schwere Schläge und Konter verwendet werden. Leichte Bäuche und Unterschenkel werden für die Herstellung von Boxtoes und Theken verwendet.

Schäfte werden auch für Wasserhähne und Unterheber verwendet. Dieser Schaft ist solide und substanziell und für diese Zwecke gut geeignet. Da die Bäuche flexibel sind, sind sie der beste Teil der Haut, der für Einlegesohlen erhältlich ist.

Beim Zuschneiden von Sohlen sammelt der Hersteller eine beträchtliche Menge an Voll- oder Mittelstücken an, die für kleine Spitzenanhebungen, auch für „kubanische" Spitzen, verwendet werden, wodurch der Großteil des kleinen, schweren Abfalls verbraucht wird, der normalerweise für Stückabsätze verkauft würde . Nachfrage nach ähnlichem Material besteht auch aus dem Eisenwarenhandel, wo es zur Herstellung von Hammer- und Werkzeugstielen sowie für Wagen- und Kutschenwaschanlagen verwendet wird. Große Mengen an Herren- und Damenabsätzen und Halbabsätzen gehen nach England, wo sie von Absatzherstellern in Aufzüge und Teilaufzüge für den englischen Handel zerlegt werden; Es besteht dort ein Mangel an Innereien dieser Klasse.

Nachdem der Schuhhersteller seine Sohlen und Zapfen zugeschnitten hat, muss er sie schälen, um das bestimmte Eisen zu erhalten, das er benötigt. Übrig bleibt eine sogenannte „Fleischsohlenform", auch „Tap-Form". Diese Schälspäne werden von einem anderen Handelszweig zusammengeklebt und wiederum für die Innensohle und die Sohlen der billigeren Schuhsorten verwendet. Kleinere Schälschnitzel bzw. Abfälle werden nach dem Aussortieren der Sohlen- und Klopfformen an den Lederplattenhandel verkauft. Dies kommt schließlich in Form von Lederplatten wieder in den Schuhhandel zurück und wird zu Absatzerhöhungen geschnitten. Der Abfall nach dem Zuschneiden der Absatzhöhen wird wieder an den Lederplattenhandel weiterverkauft und macht einen weiteren Umlauf zum Schuhhersteller. Diese Illustration sowie viele andere im Lederrestgeschäft verdeutlichen den wissenschaftlichen Grundsatz, dass nichts jemals ganz verloren geht. Die zusammengesetzten Fersenstraffungen bestehen entweder aus zwei, drei oder vier Abschnitten. Hierbei handelt es sich um sogenannte sektionale Fersenlifte. Für den europäischen Handel wird auch Altleder zum Schäften verwendet.

Sohlen und Wasserhähne, sogenannte Rejects, also solche, die vom hochwertigen Handel weggeworfen werden, werden an Hersteller billigerer Leitungen verkauft. Ein Schuhhersteller, der seine eigenen Sohlen zuschneidet und Sohlenleder in Teilen kauft, nachdem er die Sohlen entsprechend seinen eigenen Anforderungen aussortiert hat, verkauft das, was er nicht verwenden kann, an Resthändler, die sie wiederum an Schuhhersteller weiterverkaufen, die diese bestimmte Klasse benötigen Aktie. Der Altleder- oder Restlederhändler stellt somit ein nützliches Glied in der Vertriebskette dar und stellt einen Markt bereit, auf dem Schuh- und Lederhersteller ihre überschüssigen Produkte optimal entsorgen können, und stellt eine Bezugsquelle für Käufer dar, die einen bestimmten Artikel wünschen um ihren individuellen Bedürfnissen gerecht zu werden.

Ober- oder Bezugsleder wird aus Kips oder großen Kalbsledern hergestellt. Es wird wie alle anderen Lederarten durch Variationen des oben genannten Prozesses gegerbt und veredelt. Dicke Häute werden häufig maschinell in dünne Teile gespalten und die Teile werden separat aufbewahrt und bearbeitet. Die Teile des Leders auf der Haarseite sind am wertvollsten und werden „Narbenleder" genannt; Die inneren Teile oder „Fleischspalten" werden durch Wachsen, Ölen und Polieren zu verschiedenen Lederarten verarbeitet.

Die Endbearbeitung erfolgt durch Abschrubben mit Bürsten und anschließendes Abreiben mit einem Stück Glas, wodurch Falten und Fältchen entfernt und das Leder gedehnt werden. Anschließend wird es mit einer Mischung aus Öl, Seife und Talg gefüllt, die durch Rollen eingearbeitet wird. Dem Leder werden verschiedene Oberflächenbehandlungen verliehen, z. B. Siegelnarbung, Polierschliff, Handschuhnarbung, Ölnarbung, Kalbsledersatin, Rotbraun, Glattleder usw.

Oberleder wird durch Einreiben mit einer Mischung aus Lampenruß und Öl oder Talg oder mit einer Lösung aus Kupfer und Rotholz geschwärzt .

Kein Gerbverfahren, egal wie gut oder gründlich, kann aus allen Teilen einer Haut ein festes, brauchbares und verschleißfestes Leder machen, da die Natur einige Teile jeder Haut porös und schwammig gemacht hat und ihnen die Faserfestigkeit fehlt.

Die von Gerbern verwendeten Kalbsfelle gehören zu mehreren Klassen. Amerikanische Kalbsleder, die in den USA und Kanada abgenommen wurden, werden normalerweise mit grünem Fell verkauft. Landwirte züchten nur einen kleinen Teil der geborenen Kälber. Jede Kuh muss ein Kalb zur Welt bringen, um einen maximalen Milchfluss zu gewährleisten. Die meisten Bauern halten Kühe, um Milch zu produzieren. Deshalb verkaufen sie die jungen Kälber für Kalbfleisch und verwenden ihre Häute für hochwertiges Kalbsleder.

In europäischen Ländern mästen die Bauern ihre Kälber vor dem Verkauf, um einen höheren Preis für das Kalbfleisch zu erzielen. Die Haut ist für Leder nicht so wertvoll wie die Haut jüngerer Kälber und wird für minderwertiges Leder verwendet.

Kalbsleder ist nicht gespalten. Eine schwerere Haut könnte sein. Es wird auf eine gleichmäßige Dicke gehobelt.

Kalbsleder wird je nach Verarbeitung des Leders in die folgenden Klassen eingeteilt:

Gebrettertes Kalb (sowohl in Chrom- als auch in Rindengerbung hergestellt).

Wachskalb, auf der Fleischseite mit einer wachsartigen, harten Oberfläche veredelt.

Boxcalf ist ein proprietärer Name. Es ist mit Brettern bebrettert – mit einem Brett gerieben, um das Getreide anzuheben. Man erkennt es an winzigen, quadratischen Linien.

Mattes Kalbsleder ist ein matt bearbeitetes Kalbsleder, das eher zum Beschichten verwendet wird.

Wildleder-Kalbsleder ist auf der Fleischseite veredelt. Die meisten Marken von Kalbsveloursleder sind verchromt, es gibt jedoch auch einige vegetabile

.

Sturmkalb ist ein schweres Fell, das für den Wintergebrauch geeignet ist. Bei der Endbearbeitung wird viel Öl verwendet.

Französisches Kalbfleisch ist auf der Fleischseite bearbeitet.

Trockene Häute werden aus Buenos Ayres gewonnen, wo das Vieh in den Ebenen gezüchtet wird. Diese Stadt exportiert eine große Menge Häute, getrocknet, gesalzen und durch Räuchern gepökelt. Die Häute von Kühen ergeben im Allgemeinen minderwertiges Narbenleder; aber südamerikanische Rindshäute können für helles Sohlenleder verarbeitet werden.

Kalbshäute sind dünner, aber wenn sie gut gegerbt , geräuchert und gegerbt werden, ergeben sie ein sehr weiches und geschmeidiges Leder für Stiefel und Schuhe. Sie sind auf der Fleischseite mit Wachs und Öl veredelt und können auch auf der Haarseite (Hautkorn) veredelt werden.

Kalbshaut (grün gesalzen).

Paris City-Kalbsleder. Diese sind in drei Qualitäten erhältlich: leicht, mittel und schwer.

Leichte Gewichte reichen von 4 bis 5 bzw. 7 bis 8 Pfund; mittlere Sorten reichen von sieben bis neun Pfund; Schwere Sorten reichen von 9 bis 12 Pfund.

Lackleder kann aus Hengst-, Kalbs- oder Ziegenleder hergestellt werden. Als Coltskin bezeichnet man die Haut von jungen Pferden bzw. Spaltfelle von ausgewachsenen Pferden.

In den mittelfeinen Qualitäten werden überwiegend Hengstfohlen und Ziegenleder aus Lackleder verwendet, in den mittleren und günstigeren Qualitäten kommt Lackleder (Rindsleder) zum Einsatz. Bei der Herstellung von Lackleder werden ausschließlich chromgegerbte Leder verwendet.

Lackleder, wie es in Schuhen vorkommt, kann entweder als lackiertes Leder, Coltskin oder Ziegenleder beschrieben werden, und manchmal verwenden die Franzosen auch Kalbsleder. Das Verfahren ist weitgehend geheim, obwohl es auf das Prinzip kein Patent mehr gibt. Es wird hergestellt, indem die Häute auf der Fleisch- oder Haarseite auf eine gleichmäßige Dicke geschabt werden. Anschließend wird es entfettet, um die Haut für das Finish vorzubereiten und sie vor dem Abblättern zu schützen. Es werden mehrere Schichten flüssigen schwarzen Lacks aufgetragen, wobei die ersten Schichten getrocknet und abgerieben werden, um die Flüssigkeit gründlich in die Fasern des Leders einzuarbeiten. Die letzte Schicht wird mit einem Pinsel aufgetragen und 36 Stunden lang bei einer Temperatur von 120 bis 140 Grad Fahrenheit eingebrannt und dann sechs bis zehn Stunden lang in direktem Sonnenlicht trocknen gelassen, was unerlässlich zu sein scheint Entfernen Sie das klebrige Gefühl. Für die Herstellung der verschiedenen Lacke werden verschiedene Zutaten verwendet, wobei die erste Schicht aus Naphtha, Holzalkohol, Amylacetat usw. besteht. Die schwarzen Lacke bestehen aus Leinöl und verschiedenen anderen Mischungen, die in Eisenkesseln erhitzt werden. Die letzte Beschichtung ist eine Naphtha-Zubereitung, die einem japanisierenden Material ähnelt. Beim Lackieren wird die Haut auf einen Rahmen gespannt.

Es ist fast unmöglich, den Unterschied in der Qualität von glänzendem Leder am Aussehen zu erkennen, obwohl sich im Allgemeinen das Leder, bei dem die Narbung durch den Lack sichtbar ist, als brauchbarer erweist als das, bei dem die Oberfläche so dick ist, dass sie die Narbung verdeckt. Beim Nachnähen von Lackschuhen, die der Kälte ausgesetzt waren, ist große Vorsicht geboten, da die Kälte dazu neigt, das Finish einzufrieren. Lackleder neigt, wie alle lackierten Beschichtungen, zur Rissbildung. Niemand kann garantieren, dass dies nicht der Fall ist. Das Kinderlackleder ist elastischer und poröser als andere Arten. Der gravierende Einwand gegen die Verwendung von Lackleder für einen Schuh ist seine Luftdichtheit. Das macht es sowohl unhygienisch als auch unbequem. Das Kinderlackleder ist das einzige Lackleder, bei dem dieser Einwand nicht auftritt.

Unter Kid versteht man Schuhleder, das aus der Haut ausgewachsener Ziegen hergestellt wird. Die Haut der jungen Ziege oder des Ziegenböckchens wird zu dünnem, flexiblem Leder verarbeitet, das für Ziegenhandschuhe verwendet wird und für den allgemeinen Gebrauch in Schuhen zu empfindlich ist. Die Ziegen, von denen das Leder stammt, das in diesem Land für feine Damen- und Kinderschuhe verwendet wird, sind nicht die in diesem Land übliche, domestizierte Art, sondern sind Wildziegen oder verwandte Arten, die teilweise domestiziert sind und in den Bergregionen Indiens vorkommen , die Berge Europas, Teile Südamerikas usw.

Es gibt etwa 68 anerkannte Arten von Ziegenfellen, die aus der ganzen Welt importiert werden. Die brasilianischen, Buenos Aires-, Anden-, mexikanischen, französischen, russischen, indischen und chinesischen Arten sind nur einige der vielen Arten, die als solche bekannt sind. Jede einzelne Ziegenhautart weist ihre eigenen Besonderheiten in der Textur auf. Die Dicke und Maserung variiert je nach der Umgebung, in der das Tier aufgezogen wurde. Es ist eigenartig, dass Tiere, die in kalten Klimazonen aufgewachsen sind, keine so dicke Schale haben wie solche, die in wärmeren Klimazonen aufgewachsen sind, denn das lange, dichte Haar nimmt offenbar die Kraft.

Wir fragen uns vielleicht, woher all die Häute kommen, aus denen täglich mehrere tausend Dutzend Ziegen, Mattziegen und Wildleder verarbeitet werden. Der Großteil der Felle sind *Ziegenfelle* . Diese werden fast ausschließlich aus dem Ausland importiert, wo die Tiere geschlachtet und entsorgt werden, ähnlich wie wir hier Rind- und Kalbfleisch entsorgen. Es werden auch Schaffelle und Carbarettas verwendet, die Häute von Tieren, die eine Kreuzung aus Schaf und Ziege darstellen.

Die feineren Ziegen- und Ziegenfelle, die in Neuengland in großen Mengen gegerbt werden, stammen aus Fernost.

In China gibt es zwei große Häfen, von denen aus Felle verschifft werden: Tientsin und Shanghai. Zurück im Landesinneren, beginnend an einem Punkt etwa zwölfhundert Meilen vom Meer entfernt, machen Sammler zweimal im Jahr ihre Runde.

Der Ziegenzüchter tötet seine Herde, kurz bevor der Sammler fällig ist, häutet die Tiere am Hang, konserviert das Fleisch als Nahrung und trägt die Ziegenhäute, die teilweise getrocknet sind, in ein Bündel eingewickelt auf dem Rücken oder auf einem Packtier, der Züchter macht sich auf den Weg zum Bahnhof. Es kann sein, dass ein halbes Hundert Züchter auf den Sammler warten und er ihnen den Marktpreis für die Felle zahlt.

Immer wenn der Sammler genügend Vorräte hat, um den Versand rentabel zu machen, ballt er die Häute und schickt sie dann über die tausend Meilen lange Reise entlang des Flusses zum Seehafen. Von Tientsin oder Shanghai werden sie mit Trampdampfern transportiert, die über den Suezkanal östliche Häfen erreichen, und auf der Reise legen die Dampfer mehrere Häfen an, so dass es sechs bis zehn Wochen dauert, bis die Häute Amerika erreichen.

Eine andere Importmethode besteht darin, das Rohmaterial über den Pazifik zu transportieren und dann auf die Eisenbahn umzuladen. Der Kostenunterschied für den Hersteller ist jedoch so groß, dass es unrentabel ist.

Die chinesischen Ziegenfelle zählen zu den feinsten der Welt und ergeben nach der Gerbung die hochwertigsten Schuhe.

Dann gibt es Mokkaschalen, die aus Tripolis, Arabien und Nordafrika stammen. Dort ist die Sammelmethode praktisch die gleiche wie in China.

Die beiden bekanntesten Grade sind Hodieda und Benghazi. Sie leiten ihre Bezeichnungen von den exportierenden Städten ab. Hodieda liegt im südwestlichen Teil Arabiens am Roten Meer, während Bengasi in Barca, einer der Provinzen von Tripolis, liegt.

Weitere Ziegenfelle werden in Indien und Russland hergestellt und jährlich werden Millionen von Fellen aus Bombay, Madras und Kalkutta exportiert. Diese Felle werden nicht direkt nach Amerika gebracht, sondern in Marseille oder London umgeladen.

Die Jobber in Europa oder Indien nehmen eine eher einzigartige Stellung ein, denn ihrer Praxis zufolge ist es für sie nahezu unmöglich, im Umgang mit einem amerikanischen Gerber finanzielle Verluste zu erleiden. Als dieser seinen Jahresvorrat an Rohmaterial regeln möchte, verhandelt er mit einem Agenten in Boston, mit dem er einen Vertrag über so viele Felle abschließt. Dann ist es notwendig, dass der Gerber entweder mit Geld in Höhe des Nennwerts kauft oder sich durch Kredite Akkreditive von Bostoner Bankhäusern mit europäischen Verbindungen sichert.

Bevor die Felle exportiert werden, erhält der Händler sein Geld von den europäischen Bankkonzernen und die Frachtbriefe werden an die Bostoner Bankiers weitergeleitet, die sie den Gerbern übergeben und, wenn es die Gelegenheit erfordert, von den Gerbern das Bekannte erhalten als eine Vertrauensurkunde.

Alle Ziegenfelle werden nach dem gleichen Chromgerbverfahren gegerbt, unabhängig davon, ob die Oberfläche glasiert oder matt sein soll. Die Anteile der Chemikalien variieren je nach Hautbeschaffenheit und Maserung.

Der Gerbungsprozess ist schneller als das Gerben schwererer Häute, und es werden alle Arten der Gerbung angewendet, wobei die Chrommethoden weit verbreitet sind. Es gibt viele Arten der Veredelung, wie z. B. glasiert, matt, matt, lackiert usw. Eine Eigenschaft, die Ziegenleder, das „Kind" der Schuhherstellung, auszeichnet, ist die Tatsache, dass die Fasern der Haut in alle Richtungen verflochten und miteinander verbunden sind . Die fertigen Häute, die aus der Gerberei kommen, werden unabhängig von dem Verfahren, dem sie unterzogen werden, nach Größe und Qualität sortiert und in verschiedene Qualitäten eingeteilt. Anstatt direkt durchzureißen wie ein Stück Stoff oder sich in Schichten aufzuspalten, wie es bei Schaffell der Fall ist, wenn es zu Leder verarbeitet wird, hält das Ziegenleder in alle Richtungen fest zusammen.

Glasiertes Ziegenleder wird nach dem Gerben durch Eintauchen in die Farbe gefärbt, ein sehr wichtiger Vorgang. Die glänzende Oberfläche entsteht durch „Schlagmachen" bzw. Brünieren auf der Maserseite. Es wird in Schwarz und Farben, insbesondere Braun, hergestellt und ist unter etwa so vielen Namen bekannt, wie es Hersteller gibt.

Glasiertes Ziegenleder wird im Obermaterial von Schuhen verwendet und ergibt einen feinen, weichen Schuh, der bei warmem Wetter besonders bequem ist und im Winter aufgrund der uneingeschränkten Durchblutung kalten Füßen vorbeugen soll.

Mat Kid ist ein weiches, mattschwarzes Kid, dessen Weichheit das Ergebnis der Behandlung mit Bienenwachs oder Olivenöl ist. Es ist auf der Narbenseite genauso bearbeitet wie glasiertes Ziegenleder und wird hauptsächlich für Schuhbeläge verwendet. Es ähnelt in seinem Aussehen stark dem Mattenkalb und wird diesem oft vorgezogen, da es viel leichter und etwa genauso stark ist.

Wildlederkitz wird nicht gegerbt, sondern einem Fütterungsprozess in einer Eilösung, dem sogenannten „Tawing", unterzogen, um es weich und geschmeidig zu machen. Die Haut wird gedehnt und die Farbe durch „Bürsten" (mit einem Pinsel) aufgetragen. Die Farbe dringt nicht in die Haut ein, sondern bleibt lediglich oberflächlich. Wildleder werden aus Carbarettas und gespaltenen Schaffellen hergestellt . Wildleder wird in großem Umfang zur Herstellung von Hausschuhen verwendet und ist in einer großen Farbvielfalt erhältlich.

Ein Rizinusleder ist ein persisches Lammfell mit der gleichen Verarbeitung wie Wildleder und wird zur Herstellung von sehr weichem, fein aussehendem Leder – wie Handschuhleder – verwendet. Die Haut ist so leicht, dass sie vor der Verarbeitung zu Schuhen „unterstützt" werden muss.

Edelleder wird häufig als Überzug für Schuhe mit Oberleder aus Lackleder verwendet. Bezüge werden aus Edelledern ausgewählt, um das Innere eines Schuhs attraktiv zu gestalten und seinen Tragekomfort zu erhöhen. In typischen Schuhfarben werden Leder mit mattem oder glasiertem Finish verwendet.

Verschiedene Arten von Kindern sind wie folgt:

- *Ein* Kängaroo

- *B.* Wildleder

- *C.* Schaffell

- *D.* Gämse

- *E.* Cordovan

- *F.* Splits

- *A.* Siegelkorn

- *B.* Polieren

- *C.* Ölkorn

- *D.* Satin-Kalb

- *G.* Emaille

- *H.* Seiten

Känguru ist die Haut des gleichnamigen Tieres.

Buckskin ist die Haut bestimmter Hirsche.

Schaffell ist das Fell der bekannten Hausschafe.

Gämse ist die Haut des gleichnamigen Tieres und mit freundlicher Genehmigung auch die speziell behandelte Haut bestimmter Haustiere.

Unter den verschiedenen Oberlederarten ist Ziegenleder aufgrund seines sehr geringen Gewichts und seiner Geschmeidigkeit leicht zu erkennen.

Im Winter besteht die Gefahr, dass Leder beim Trocknen einfriert, insbesondere wenn kein gut ausgestatteter Trockenraum vorhanden ist. Solches Leder wird brüchig und schlaff, wenn es zu schnell aufgetaut wird. Beim Gefrieren wird das Wasser aus den zum Trocknen aufgehängten Häuten verdrängt und dehnt die Hautfasern auseinander. Je nasser die Häute sind, desto stärker werden sie durch den Frost geschädigt. Von der Behandlung, das gefrorene Leder in einen warmen Raum zu bringen, ist abzuraten; Die beste Methode besteht darin, die Häute so hängen zu lassen, wie sie waren, und alle Öffnungen zur Außenluft dicht zu verschließen. Sollte dies nicht möglich sein, legen Sie das Leder am besten auf einen Haufen, in einem Raum, in dem die Temperatur nicht unter den Gefrierpunkt sinkt, und decken Sie es mit einem Tuch ab. Falls sich das Leder aufrollt, sollte es angefeuchtet werden, bevor die Rolle größer als üblich wird; es wird dadurch durchgehend fester. Einige Oberleder und vor allem Schaffelle für Futterzwecke wirken sich durch das Einfrieren positiv aus, da das Leder weiß und prall wird und zudem eine helle Farbe hat, die Haltbarkeit jedoch etwas abnimmt.

Weißes Leder erfreut sich bei Schuhen immer größerer Beliebtheit. Dafür gibt es gute Gründe. Die modernen weißen Schuhe haben ein stilvolles und modisches Aussehen, das die Herzen von Frauen jeden Alters und jeder Situation erobert hat, und wenn sie etwas wollen, sind sie immer bereit, es zu liefern. Es ist interessant, die neue Liebe zu weißen Schuhen nachzuzeichnen. Vor Jahren wurde weißes Leder für Schuhe hauptsächlich aus Hirschleder hergestellt. Aber dieses Leder war im Neuzustand zwar attraktiv, dehnte sich jedoch bald nach dem Tragen und nahm einen gelblichen Farbton an. Außerdem war der Preis für solche Schuhe sehr hoch, und es ist nicht verwunderlich, dass sie von den billigeren, aber attraktiven und nützlichen weißen Leinenschuhen verdrängt wurden, die sich im Laufe der Saison schnell verkauften.

Es ist ein großes Verdienst unserer Gerber, dass es ihnen gelungen ist, ein weißes Leder für Schuhe zu perfektionieren und auf den Markt zu bringen, das alle Anforderungen zufriedenstellend erfüllt. Dieses Leder wird aus Rindsleder hergestellt; Die weiße Farbe verblasst nicht und vergilbt nicht. Und das Beste: Das Leder lässt sich leicht reinigen und sieht wieder wie neu aus. Ein weiterer Vorteil besteht darin, dass solche Leder in Schuhen verwendet werden können, die zu beliebten Preisen verkauft werden.

Es gibt viele gängige, handelsübliche Oberlederqualitäten.

Weidenkalb ist ein feines, weiches, chromgegerbtes Kalbsleder. Es wird in drei Farben verkauft: Hellbraun, Ochsenblut und Olivbraun. Die besonderen Merkmale dieses Leders sind seine Strapazierfähigkeit und die Tatsache, dass es stets weich und geschmeidig bleibt. Es ist an die höchste Qualität von Herren- und Damenschuhen angepasst.

Boxcalf ist ein Sturmkalbsleder höchster Qualität. Es handelt sich um eine wasserfeste Chromgerbung in mittlerer Bräunungsfarbe mit mattem Finish. Dies ist das beste erhältliche Leder für grobe Outdoor-Bekleidung, Wanderschuhe, Jagdstiefel usw. Es eignet sich auch für sehr feines Herren- und Damenschuhwerk. Es besteht eine wachsende Nachfrage nach dieser Art von Schuhen. Im Obermaterial der besten Storm- Schuhe findet sich immer Boxcalf.

Royal Kid ist ein schwarz verchromtes Kalbsleder mit mattem Finish und einer glatten, natürlichen Maserung von feiner Textur, weich und geschmeidig. Es wird für Oberleder und ganze Schuhe höchster Qualität für Damen und Herren verwendet und ist ein sehr beliebtes Material für Herbst- und Winterschuhe. Die begehrten Eigenschaften von feinem Kalbsleder lassen die Nachfrage schneller wachsen, als das Rohstoffangebot zunimmt.

Tan Royal ist ein hellbraunes Chrom-Kalbsleder mit glatter Oberfläche, feiner Körnung, hervorragenden Schnitteigenschaften, gleichmäßig und mittelstarken Bräunungstönen. Hellbraunes Kalbsleder ist sehr attraktiv und der hellbraune Schuh ist mittlerweile ein Grundnahrungsmittel.

Cadet Kid ist ein leuchtend schwarzes, glattes Chrom-Kalbsleder für feine Herren- und Damenschuhe. Diese Gerbung und das Finish ergeben einen bemerkenswerten Schnittwert. Die Stabilität dieses Schafts ist völlig einzigartig und sorgt dafür, dass der fertige Schuh standhält und auch bei den verschiedenen Herstellungstests seine gewünschte Form behält. Die besten Juroren, die Schuhhersteller, behaupten, es sei das beste Kalbsleder.

Das Bronko- Patent zeichnet sich durch seine feine Maserung mit Coltskin -Effekt aus. Es hat ein sattes und glänzendes schwarzes Lackfinish. Die Ergebnisse, die das Bronko- Patent bei seiner Arbeit in der Schuhfabrik und bei seinen späteren Trageeigenschaften erzielte, waren nie zu übertreffen. Bronko ist eines der schönsten Ergebnisse der Entwicklung von Chromlackleder.

Bei der Cadet-Kid-Seite handelt es sich um ein Chrom-Seitenleder, das dem Kalbsleder sehr nahe kommt und als Cadet-Kid bezeichnet wird. Es hat eine helle, glänzende Oberfläche und eine bemerkenswert feine Maserung. Im Aussehen ähnelt es überraschend feinem Kalbsleder.

Cadet-Wadenseiten ähneln den Cadet-Zickleinseiten, mit Ausnahme einer gebretterten Oberfläche. Dies ist ein weiteres schwarzes Chrom-Seitenleder, das einem Kalbsleder sehr nahe kommt.

Bei der matt-königlich verchromten Seite handelt es sich um ein spezielles Finish, das stark an Kalbsleder erinnert und für die Oberteile mittelfeiner Herren- und Damenschuhe verwendet wird.

Black Hawk Lack ist ein gut gegerbtes, gut verarbeitetes Lackleder für mittelpreisige Damenschuhe und zum Beschlagen.

Farbiger Kasten mit verchromter Seite, verbrettert, ist ein Ersatz für Weidenkalb.

Die schwarze Box-Chrom-Seite mit Brettern ist ein Ersatz für Boxcalf in mittelfeinen Schuhen.

Kangaroo Kid Side ist ein rückgegerbtes, mattes, glattes, schwarzes Leder, das fast wie Kalb aussieht und für die Oberseite von Herrenschuhen sowie für Herren- und Damenschuhe verwendet wird.

Waterproof Black ist ein hochwertiges Leder mit großer Haltbarkeit für schwere Herren- und Jungenschuhe. Wasserdichtes Braun ähnelt bis auf die Farbe wasserfestem Schwarz und ist ein Leder, das für den harten Einsatz geeignet ist.

Amhide Black ist eine weiche, trockene, hochwertige Gerbung für leichte, bequeme, sportliche, Arbeits- und strapazierfähige Schuhe.

Amhide rostrot ist in allem außer der Farbe wie schwarzes Amhide .

Hercules Storm Chrome ist ein Leder, das sich durch seine feine Narbung und sein gutes Aussehen bei mittlerem Gewicht auszeichnet.

Boris ist ein schweres, weiches, wasserdichtes Leder für Herrenschuhe mittlerer Qualität. Es ist in drei Farben und Schwarz erhältlich.

Zulu ist ein mittelpreisiges Leder, das sich sehr gut als schwerer Schuh eignet. Es ist in zwei Farben und Schwarz gefertigt.

Bison ist ein farbiges oder schwarz lackiertes Leder von hoher Qualität, sehr bequem und langlebig.

Ottawa ist zweifarbig und schwarz lackiert und eignet sich für hochwertige, schwere, grobe Schuhe.

Sheboygan-Kalb ist ein stark gestopftes, weiches und wasserfestes Leder. Es ist zweifarbig und schwarz.

Dongola-Kalb ist ein schwarzes Leder, das für langlebige, mittelpreisige, schwere Outdoor-Schuhe verwendet wird.

Gürtelmesserspalten werden in verschiedenen Gerbungen und Ausführungen höchster Qualität verkauft. Diese Splits sind in allen Gewichtungen sortiert. Es wird auf eine einheitliche Auswahl geachtet und die Qualität ist in jeder Hinsicht auf höchstem Niveau.

Oxford Calf Union Splits sind eine der hochwertigsten gemaserten Union Splits. Es hat ein äußerst weiches und feines Aussehen.

Cambridge Wadenverbindungsspalte haben eine äußerst sorgfältige und hochwertige Verarbeitung, sind jedoch etwas fester als Oxford-Waden.

Fleischstücke werden in zwei Gerbungen verkauft. Dies sind die hochwertigsten Fleischspalten, die man herstellen kann, und sie sind den gewöhnlichen Fleischspalten um Längen voraus. Ihre verbesserte Verarbeitung macht sie zu einem modernen und weithin verwendeten Ersatz für Satin.

Zu den schwarzen und rostroten Schlitzen von Ottawa gehören verschiedene bedruckte Schlitze, die für Schuhe in Kombination mit Narbenleder und für ganze Schuhe verwendet werden. Sie werden in vielen Gewichten ausgewählt.

Flexible Spaltungen für Goodyear, Edelstein, McKay-Innensohlen, ist Leder, das großen und kleinen Käufern die größten Vorteile bietet. Es ist das Produkt von sechs verschiedenen Gerbereien, sortiert in allen üblichen Gewichten. Bei der Herstellung dieser Splits wird größter Wert darauf gelegt, diese perfekt an die Bedürfnisse des Schuhherstellers anzupassen.

Flexible Biegungen werden von Herstellern von Goodyear-Rahmenschuhen verwendet, die eine gerade Goodyear- oder Edelstein-Innensohle erfordern. Aufgrund der geringen Abfallmenge, der Festigkeit und der Attraktivität des Materials sind diese Biegungen für sie von großem Vorteil. Sie werden in sechs Gerbungen hergestellt.

Flexible Chromspalten für Innensohlen ergeben ein sehr starkes und langlebiges Leder für Innensohlen, Steppsohlen und Außensohlen.

Zwickelspalten, gefärbt, ergeben ein sehr preisgünstiges Leder, geeignet für Zwickel, Balgzungen für hochgeschnittene Stiefel, auch für das Viertelfutter von Oxfords.

Ooze-Vamp-Splits, schwarz und farbig, sind starke, langlebige und preisgünstige Leder, die für billige Arbeitsschuhe geeignet sind, bei denen keine wasserdichten Eigenschaften erforderlich sind.

Chromgegerbte geprägte Schlitze, farbig, werden in einer großen Vielfalt an Mustern für billige Schuhe und andere Arbeiten hergestellt, bei denen Leder benötigt wird. Sie sind langlebig und preisgünstig.

LEDER FÜR GÜRTEL

Ein etwa vier Jahre alter einheimischer Ochse, der im Oktober getötet wurde, ist das beste Beispiel für ein gutes Fell für die Riemenherstellung, das heißt für die Kraftübertragung von Riemenscheibe zu Riemenscheibe. In diesem Alter und zu dieser Jahreszeit ist der Ochse in einem erstklassigen Zustand.

Aufgrund der großen und enormen Belastung, die auf den Riemen ausgeübt wird, und der Notwendigkeit, dass er genau auf der Riemenscheibe läuft, sollte er von höchster Güte sein und eine hohe Festigkeit, um eine Dehnung zu verhindern, und eine gleichmäßige Maserung, um einen langen Verschleiß zu gewährleisten , vereinen. daher sind nur Häute ausgewählter Ochsen brauchbar, und diese wiederum werden zurückgewiesen, wenn sie Fehler, Schnitte oder andere Unvollkommenheiten aufweisen. Nachdem ein Fell zum Gürteln angenommen wurde, wird es großzügig beschnitten, wobei Kopf, Hals, Beine und Bauch weggeschnitten werden, so dass nur ein kleiner und kompakter Abschnitt übrig bleibt, der auf jeder Seite zwei bis zweieinhalb Fuß umfasst das Rückgrat und erstreckt sich vom Schwanz nach vorne etwa zwei Meter entlang desselben. Dies ist der Teil der Haut, in dem die Fasern eng und fest miteinander verbunden sind und in dem die Vitalität aufgrund der unmittelbaren Nähe des Nervennetzes, das von jeder Seite der Wirbelsäule zu allen Teilen der Haut verläuft, am größten ist.

Die Häute von Bullen und Kühen jeder Rasse sind zum Anschnallen schlechter als die Häute von Ochsen. Die Haut des Stiers ist grob und hart, der Hals ist sehr schwer und voller Falten, was zu unterschiedlichen Dicken und Maserungen des Leders führt. Das Fell der Kuh ist dünn, weist keine gleichmäßige Dicke auf, ist an den Hüften schwerer als an der Schulter und weist nicht die Festigkeit auf, die für einen guten Gürtel erforderlich ist. Die spitzen Winkel der Hüftknochen einer Kuh neigen auch dazu, Taschen in der Haut zu bilden.

Nachdem die Haut zugeschnitten wurde, wird sie dem Prozess des „Currying" unterzogen. Alle an der Haut haftenden Membranen oder Fleischpartikel werden von einer Maschine entfernt, die die Membran usw. blitzschnell abschabt. Anschließend wird das Leder maschinell gewaschen und gereinigt, wodurch alle noch am Fell haftenden Verschmutzungen entfernt werden. Nachdem das Leder gründlich gereinigt und feucht ist, wird es auf den Tisch gelegt und mit Bürsten sowohl auf der Narben- als auch auf der Fleischseite Fette aus reinem Tieröl in das Leder eingearbeitet. Dies geschieht im kalten Zustand. Anschließend wird es in ein großes Drehrad mit stark erhitztem Wasser gegeben, wodurch das Leder aufquillt und die Poren sich öffnen. Das Leder wird dann herausgenommen und in ein anderes Rad gegeben, das schweres Mineralöl enthält und mehrere Grad höher als das Wasser erhitzt wird, und im Rad herumgewirbelt, bis das schwere Öl die aufgeblähten Poren und Fasern füllt. Anschließend lässt man das Leder trocknen.

Die Häute bleiben mehrere Monate in der Gerblauge, bis sich die grüne Haut in Leder verwandelt.

Nachdem die Haut in Leder umgewandelt wurde, wird sie gedehnt. Um das Leder für Gürtelzwecke richtig zu dehnen, muss es zunächst so geschnitten werden, dass der Teil entfernt wird, der die Markierungen des Rückgrats des Ochsen zeigt.

Leder wird gedehnt, indem man es in Klammern legt, wobei jeder Teil des Stücks den gleichen Zug erhält. (Das Leder wird im feuchten Zustand in die Klemmen gesteckt, da sich feuchtes Leder am stärksten dehnt.)

Wenn der Spannvorgang abgeschlossen ist und das Leder in den Spannklemmen vollständig getrocknet ist, wird es freigegeben. Diese Lederstücke sind ziemlich trocken, sehr fest und nicht sehr biegsam. Das Leder wird nun angefeuchtet, damit es beim Veredeln geschmeidiger wird. Nachdem das Wasser in das Leder eingedrungen ist (Sammied genannt), wird es sehr weich. Anschließend wird es mit einer Walze unter starkem Druck bearbeitet, um alle Unebenheiten aus der Haut zu entfernen. Anschließend wird es gründlich getrocknet, wodurch die Fasern schrumpfen. Anschließend wird es erneut angefeuchtet und durch eine Poliermaschine geführt, die nach dem gleichen Prinzip wie der Rollbock funktioniert.

Die Seiten und die Mitte werden nun durch eine Schneidemaschine geführt, die das Leder in Streifen unterschiedlicher Größe zerkleinert.

Riemen werden durch Kleben der Teile zusammengefügt. Bandzement ist ein äußerst leistungsstarker Klebstoff. Sie bestimmt tatsächlich die Stärke des Gürtels, da der Gürtel so stark ist wie der schwächste Teil des Gelenks.

ROHLEDERPRODUKTE

Rohleder wird für viele Zwecke verwendet. Nachdem die Seite des Leders von den nicht verwendbaren Teilen befreit wurde, wird es an den Spitzenklöppler verkauft. Dasselbe misst er in einer Maschine.

Die seitlichen Besätze der Haut können für einen Hammerkopf oder andere Werkzeuge aus Leder verwendet werden. Die gebräuchlichsten Produkte der starken Abteilung von Rohlederschnüren sind Schuhschnüre, Gürtelschnüre und Teile von Pferdegeschirren. Es wird auch zu Schuhbändern aus Leder verarbeitet, die in den Holzfällerlagern verwendet werden.

Wenn die Haut für Rohhautzwecke ausgewählt wird, wird sie zunächst einer Enthaarungsmaschine zugeführt, wo alle Haare entfernt werden. Dann wird es fleischig; Das heißt, alle losen Häutchen und eventuell an der Haut haftendes Fleisch werden von der Fleischseite entfernt. Anschließend wird die Rohhaut zur Öffnung der Poren in ein spezielles Bad gelegt, bevor ihr Öle und Fette zugesetzt werden. Nach diesem Bad wird es gründlich in einer heißen Box getrocknet und dann in Räder gegeben, die die Fette in die Haut mahlen.

Die durch diesen Trocknungsprozess gehärtete Haut wird durch Brecher geführt, wo sie gründlich in eine weiche und geschmeidige Form gebracht wird.

Anschließend wird die Haut der Ablegemaschine zugeführt, die alle Arten von Leder veredelt – indem sie die Fasern verdichtet und verstärkt. Auf die Narben- und Fleischseite der Haut werden spezielle Öle aufgetragen. Es wird von Hand fertiggestellt und in Spitzen geschnitten. Diese manuelle Endbearbeitung wird normalerweise durchgeführt, um alle Teile auszusortieren, die nicht perfekt sind.

Gehaartes Leder wird mit Säure gegerbt – eine schnellere Methode. Die Haut wird in Seiten gespalten und mit dem darauf befindlichen Bauchfell gegerbt, das für Autogurte, Kuhglockengurte, Kofferraumgurte und Reitzäume verwendet wird.

DIE NEBENPRODUKTE EINER LEDERGÜRTELFABRIK

In einer Ledergürtelfabrik fallen sehr viele Nebenprodukte an, die alle verwendet werden. Die feinsten Streifen werden für Peitschenwimpern verwendet, kleine Stücke für den French Heel und die extrem kleinen Stücke werden in Ledermatten verwendet.

Das etwa fünfzigprozentige Nebenprodukt des Gürtelbullen wird für Schuhleder und Lederriemen verwendet. Für bestimmte Geschirrarbeiten wird dem angurtenden Bullen eine beträchtliche Menge Leder abgenommen. Der Bauch ist dick und porös, aber nicht zäh und wird für Halfter, Kuhzäume und andere Teile des Geschirrs verwendet, wo die Belastung nicht groß ist.

HERSTELLUNG VON RUNDRIEMEN

Rundgürtel werden aus den besten Riemen hergestellt, aber auch wenn die Belastung bei Rundriemen nicht groß ist, muss das Leder weich und biegsam sein. Es wird aus regulären Lagerbeständen einheimischer Ochsenhäute ausgewählt.

EIGENSCHAFTEN VON GEGERBTEM LEDER

Gegerbtes Leder besteht aus vielen kleinen Faserbündeln. Die gröberen und stärkeren Fasern befinden sich auf der Innenseite, die sehr feinen und glatt gelegten Fasern auf der Außenseite. Diese Fasern sind so miteinander verflochten und so elastisch, dass diese Bündel beim Biegen des Leders aneinander spielen. Aufgrund der Glätte der Oberfläche kann es poliert werden, wodurch schöne Oberflächen und Effekte auf dem Leder erzielt werden.

Die Elastizität von Leder (die auf die Elastizität seiner Fasern zurückzuführen ist) ermöglicht eine große Dehnbarkeit. Die Tendenz, in die ursprüngliche Position zurückzukehren, ist zu Beginn sehr stark, wird jedoch schwächer, wenn die Belastung an einem bestimmten Punkt fortgesetzt wird. Durch das Dehnen des Leders entsteht natürlich immer auch eine entsprechende Zeichnung an einer anderen Stelle des Schuhs, was ihm ein abgenutztes und ausgebeultes Aussehen verleiht.

Wenn die Schuhe ausgezogen werden, sind sie aufgrund von Schweiß oft feucht. Die gedehnten oder gespannten Fasern neigen dazu, zu schrumpfen und in ihre ursprüngliche Position zurückzukehren. Um dies zu vermeiden, ist es notwendig, Schuhspanner darin anzubringen.

Wenn das Futter von Schuhen der Reibung und der Ausscheidung von Schweiß aus den Füßen mancher Menschen ausgesetzt ist, verschlechtert es sich. Dies liegt daran , dass die Säuren des Schweißes (Essig-, Ameisen- und Buttersäure) so konzentriert sind, dass sie auf die Fasern des Leders einwirken. Diese Säuren üben eine brennende Wirkung aus, wodurch die Fasern ihre Elastizität verlieren, so dass sie nicht mehr aneinander anliegen, sondern sich miteinander verbinden. Die Folge ist, dass sie hart werden und bei jedem Versuch, das Leder zu biegen, zerreißen; und wenn die Faserverbindung einmal zerstört ist, kann sie nicht mehr repariert werden.

Um die Fasern in diesem Zustand (weich und flexibel) zu halten, sollten sie häufig (zweimal pro Woche) mit einer Flüssigkeit geschmiert werden, gefolgt von einer Wachspaste, die üblicherweise als Schuhverband bezeichnet wird. Wenn eine Bürste oder ein Stück Stoff über die Oberfläche des Leders gerieben wird, das Schuhschmiermittel (Schuhcreme) enthält, entsteht eine glatte Oberfläche, die als „Glanz" bezeichnet wird.

Mittel, die ohne Reibung durch Pinsel oder Lappen glänzen, sollten nicht verwendet werden, da es sich lediglich um Lacke handelt und eine Schicht über der anderen das Leder zerstört.

ERSATZSTOFFE FÜR LEDER

In alten Zeiten benutzten unsere Väter und Mütter handgefertigte Schuhe und trugen sie, bis sie ihre Nutzungsdauer überschritten hatten. Damals entsprach der Verbrauch nicht der Produktion von Leder. Die Kenntnis der heutigen Bedingungen in den großen westlichen Ländern wird zeigen, dass viele der großen Viehzuchtbetriebe, die einst für ihr Vieh berühmt waren, von Heimbewohnern übernommen wurden und nun Getreide statt Vieh produzieren. Aber seit es maschinell hergestellte Schuhe gibt, werden zu verschiedenen Jahreszeiten unterschiedliche Schuhmodelle auf den Markt gebracht, um dem Wechsel des Kleidungsstils zu entsprechen, und Schuhe werden oft weggeworfen, bevor sie abgenutzt sind. Bisher war es uns nicht möglich, abgelegtes Leder zu verwenden, da in der minderwertigen Fabrik Wolle, Seide usw. verwendet werden. Die Folge ist, dass der Lederverbrauch über der Produktion liegt und daher auf Ersatzstoffe zurückgegriffen werden muss.

Bei Schuhmaterialien gibt es derzeit eine erstaunliche Vielfalt und Vielfalt. Vom Ziegenleder bis zum Rindsleder wird jedes bekannte Leder verwendet, und textile Stoffe haben sich rasant weiterentwickelt, insbesondere bei der Herstellung von Damen- und Kinderschuhen. Satin, Samt, Serge und andere Stoffe, die bei der Herstellung von Schuhen verwendet werden, müssen fest und gut gewebt sein und werden normalerweise mit einer Unterlage aus festem, leinenähnlichem Stoff geliefert, um Festigkeit zu verleihen.

Was die Tragequalität angeht, gilt immer noch das alte Sprichwort: „Es gibt nichts Besseres als Leder". Aber heutzutage kauft man Schuhe nicht nur wegen ihrer Trageeigenschaften. Stil und innere Schönheit werden berücksichtigt und haben wie bei jedem anderen Kleidungsstück einen Geldwert.

Jeder Stoff besteht aus zwei Sätzen fadenförmiger Garne, die im rechten Winkel zueinander verwoben sind. Sie werden Kette und Schuss (Schuss) genannt. Die Kette besteht aus Garn, das über den längsten Weg des Stoffes verläuft, und Schussgarn, das über den kurzen Weg des Stoffes verläuft. Da die Kette den Körper des Stoffes darstellt, ist sie ihr stärkster Teil und alle Stoffe in Schuhen sollten kettenförmig über den Fuß des Trägers gelegt werden, um der großen Belastung standhalten zu können.

Es wurden verschiedene Versuche unternommen, die Behandlung von Leder mit Chemikalien oder die Verwendung von Stoffen zur Gewichtszunahme gesetzlich zu verbieten. Mehrere Schuhhersteller haben sich darüber beschwert, dass die übermäßige Verwendung von Glukose (einer Form von Zucker) im Sohlenleder zu Schäden an Leder und Stoffen geführt hat, aus denen das Schuhoberteil besteht.

Vertreter großer Lederfirmen behaupten, dass sich die Methoden zum Gerben von Sohlenleder in den letzten Jahren radikal verändert haben und dass die geringe Menge an Glukose und Bittersalz , die heute zur Veredelung von Sohlenleder verwendet wird, für dessen Wert unbedingt erforderlich ist ist in keiner Weise ein verfälschendes oder beschwerendes Material. Schuhhersteller hingegen behaupten, dass dem weichen Leder aus dem Bauch des Tieres teilweise größere Mengen Glukose, Salz etc. zugesetzt wurden, um ihm die gewünschte Steifheit zu verleihen. Aufgrund des hohen Preises von Leder wurden verschiedene Versuche unternommen, einen Ersatz dafür zu finden. Die meisten dieser Ersatzstoffe bestehen aus starkem Tuch, das mit etwas trocknendem Öl wie Leinsamen behandelt wurde, wobei das Öl zuvor mit anderen festen Substanzen vermischt wurde.

Für sein außergewöhnlich hochwertiges Kunstleder wurde dem belgischen Erfinder Louis Gevaert ein Preisgeld von fünftausend Franken verliehen . Der Prozess besteht in der mehr oder weniger gründlichen Imprägnierung von festem Stoff mit tanninhaltigen Eiweißstoffen. Schuhen aus diesem Material wird nicht nur die Widerstandsfähigkeit und Elastizität von Naturleder, sondern auch dessen Strapazierfähigkeit nachgesagt. Darüber hinaus sind sie deutlich günstiger: Sie kosten inklusive Herstellung nur vier Franken (ca. 80 Rappen) und werden für etwa sechs Franken pro Paar verkauft.

KAPITEL VIER
DIE ANATOMIE DES FUSSES

Nur sehr wenige Menschen, selbst in der Schuhindustrie, wissen viel über die Anatomie des Fußes. Dennoch ist es offensichtlich, dass sie etwas darüber wissen sollten, um den Fuß mit einer angemessenen Hülle zu versehen.

Das erste, was dem Menschen beim Betrachten des menschlichen Fußes ins Auge fällt, ist sein großer Knochenanteil. Wenn man auf die Oberseite und die Innenseite drückt, stellt man fest, dass die Fleischmenge tatsächlich sehr gering ist. Gleiches gilt für den Innen- und Außenknöchel. Die äußerste Rückseite des Knöchels ist kaum mit Fleisch bedeckt. Die fleischigsten Teile des Fußes sind seine Außenseite, der Fersenansatz und der Großzehenballen.

Der Grund für diese Anordnung des Fleisches besteht darin, die Teile des Fußes zu schützen oder zu bedecken, die den Körper stützen, wenn sie mit dem Boden in Kontakt kommen. Sie dienen als Polster und lindern die Gehirnerschütterung. Die Fülle an Fleisch an der Außenseite des Fußes dient dem Schutz oder der Abschirmung vor Gefahren. Die Innenseite des Fußes ist nicht so stark freigelegt wie die Außenseite.

Der Fuß ist in drei Teile unterteilt: die Zehen, die Taille und den Spann sowie die Ferse und den Knöchel. Der größte Knochen des Fußes ist das Fersenbein (Calcaneum genannt). Es ist der Knochen, der vom Hauptgelenk nach hinten ragt und den Hauptteil der Ferse bildet. Wenn eine Person einen Plattfuß hat, wird dieser Knochen weiter nach hinten gedrückt, als die Natur es vorgesehen hat. Die Verbindung zwischen ihm und den Fußwurzelknochen geht verloren.

Die Knochen und Gelenke des menschlichen Fußes.

Die verschiedenen Teile des Fußes und Knöchels. *Siehe Seite 86* .

Der oberste Knochen des Fußes ist der Astragalus und bildet das Hauptgelenk, von dem der Gangvorgang abhängt. Dieser Knochen hat eine glatte, kreisförmige Oberseite, die ihn mit dem Hauptknochen des Unterschenkels verbindet. Es ist absolut notwendig, dass dieser Knochen in perfekter Harmonie (Beziehung) zu den anderen steht, um Komfort und Gesundheit zu gewährleisten. Wenn das Fußgewölbe nach oben, unten oder zur Seite verschoben wird, kann dieses Gelenk seine Funktion nicht normal erfüllen.

Rheuma ist ein häufiges Übel eines verletzten Gelenks. Daher die Notwendigkeit absolut normaler Handlungen, die nicht durch schlecht sitzende Schuhe behindert werden.

Der Hauptbogen des Spanns wird Keilbein oder Fußwurzelknochen genannt. Menschen leiden häufig unter einem defekten Fußspann. Verformte Gelenke an dieser Stelle, die durch nicht passende Schuhe verursacht werden und dadurch die empfindliche, natürliche Struktur durcheinanderbringen und aus ihrer Position bringen, wirken sich negativ auf den Komfort des Fußes aus. An dieser Stelle bündeln sich neun Gelenke.

Die Knochen der Zehen werden Mittelfußknochen und Fingerglieder genannt. Es besteht kein Zweifel daran, dass die Natur es vorgesehen hat, dass der Mensch barfuß läuft, und in diesem Fall würden die Fingerglieder des Fußes eine viel wichtigere Rolle einnehmen, als dies heute aufgrund der modernen Zivilisation der Fall ist. Es gibt neunzehn Knochen im Fuß, und die Störung eines oder mehrerer davon führt zur Störung des gesamten Fußes, indem die allgemeine Arbeitseinheit, die auf die gesamte Anzahl von Gelenken und Knochen verteilt ist, aus dem Verhältnis gerät. Zu jedem Gelenk gehören Muskeln, und jede fehlende Ausrichtung von Knochen und Gelenken führt zu Zwietracht und mangelnder Harmonie in der Muskeltätigkeit.

Muskeln sind an Knochen befestigt und durch ihre Kontraktion oder Dehnung werden die Knochen bewegt. Nur sehr wenige Bewegungen werden mit einem einzelnen Muskel ausgeführt. Die Muskeln des Fußes sind in fast allen Fällen miteinander verbunden und in ihrer Wirkung so komplex, dass die besten Chirurgen Schwierigkeiten haben, sie zufriedenstellend zu beschreiben.

Die Hauptmerkmale des Fußes sind seine Federung und Elastizität. Während der Fuß über wunderbare Widerstands- und Anpassungsfähigkeiten verfügt, ist es die Pflicht des Schuhmachers, ihn nicht zu belasten, sondern für jede Aktion zu sorgen.

Der empfindlichste Teil bzw. der Teil, der am anfälligsten für Verletzungen ist, ist der große Zeh. Dies ist auf die Tatsache zurückzuführen, dass der Fuß beim Gehen dazu tendiert, sich in Richtung der Schuhspitze zu bewegen, und mit einem Wort, sich eher in die Gefahr hineinzudrängen als sie zu meiden. Dafür sorgt der Schuhmacher erstens dadurch, dass er eine ausreichende Sohlenlänge über das Zehenende hinaus zulässt, und zweitens durch die Passform des Obermaterials und die Vorbereitung der Sohle. Auf diese Weise bleibt die große Zehe des Fußes unberührt, wenn die Schuhspitze auf eine harte Substanz trifft.

75 Prozent der Menschen haben mehr oder weniger Probleme mit ihren Füßen. Einige dieser Probleme werden dadurch verursacht, dass der Hersteller Schuhe auf den Markt bringt, deren Linien zwar ansprechend und attraktiv für das Auge aussehen, denen es aber an anderen guten Eigenschaften mangelt. Passgenaue Schuhe sollten vom Großzehengelenk bis zum Zehenende ausreichend Platz bieten und insbesondere an dieser Stelle über ausreichend Profil verfügen.

Ein bloßer Blick auf unseren nackten Fuß wird schlüssig zeigen, dass spitze Stiefel in der Designtheorie falsch sind. Die Zehen eines Fußes berühren sich in der Freizeit sanft. Wenn sie aufgefordert werden, uns beim Gehen oder beim Stützen unseres Körpers zu unterstützen, breiten sie sich aus – wenn auch nicht in großem Ausmaß. Da dies der Fall ist, würde kein vernünftiger Hersteller von Stiefeln und Schuhen versuchen, sie einzudämmen. Box- oder Puff-Toe-Schuhe ermöglichen die größte Freiheit.

Schuhe mit spitzer Spitze, die das Vorderblatt unmittelbar über dem Großzehengelenk mit dem Obermaterial verbinden, übermäßig hohe Absätze und Schuhe mit dicker Taille sind nicht zum Wohle des Fußes geeignet.

Die Übel schlecht sitzender Schuhe sind Hühneraugen, Ballenzehen und Schwielen.

Hühneraugen entstehen vor allem durch Druck und Reibung. Wenn die Hautschichten verhärten, bilden sie ein Hühnerauge, bei dem es sich lediglich um eine Wucherung abgestorbener Haut handelt, die in der Mitte hart geworden ist. Diese verhärtete Stelle wirkt wie ein Fremdkörper auf die entzündeten Stellen.

Ein hartes Hühnerauge entsteht eher durch Reibung als durch Druck. Sie entsteht durch das ständige Reiben eines engen oder kleinen Schuhs an den hervorstehenden Teilen eines hervorstehenden Knochenteils, wie den letzten Gelenken des dritten, vierten und kleinen Zehs. Wenn dieser Vorgang anhält, kommt es zu einer Entzündung. Ruhe, die die Füße von der Reibung befreit, lindert diese Entzündung und hinterlässt eine Schicht verhärteten Fleisches. Eine erneute Einwirkung reproduziert die gleichen Effekte und hinterlässt eine zweite Schicht verhärteten Fleisches. Diese fortgesetzte Aktion und Reaktion führt zur Bildung einer Hornhaut, die über die Hautoberfläche ragt. Dies nimmt von seiner Basis aus zu. Ein gewöhnlicher harter Mais lässt sich entfernen, indem man die Hornhaut am Rand abkratzt und vorsichtig mit einem Messer heraushebelt. Weiche Hühneraugen entstehen meist durch Druck oder Reibung. Bei diesen Hühneraugen handelt es sich um weiche und schwammige Erhebungen an den Hautpartien, die Druck ausgesetzt sind. Weiche Hühneraugen finden sich meist an der Innenseite der kleineren Zehen. Die auf der Oberfläche der Gelenke befindlichen Gelenke werden durch mechanische Einwirkung hart.

Der Blutfleck ist übermäßig schmerzhaft. Es entsteht dadurch, dass ein gewöhnlicher Mais die ihn umgebenden Blutgefäße gewaltsam verdrängt und sie auf seiner Oberfläche ruhen lässt.

Der Ballen ist eine entzündliche Schwellung, die meist am Großzehengelenk auftritt. Die Hauptursache für Ballenzehen ist bekanntermaßen das Tragen von Stiefeln oder Schuhen, die nicht ausreichend lang sind. Der Fuß, der vorne und hinten auf Widerstand stößt, wird seiner natürlichen Funktionen beraubt, was zur Folge hat, dass die große Zehe nach oben gedrückt wird und ständiger Reibung und Druck ausgesetzt ist. Eine weitere Ursache ist das Tragen von Stiefeln mit schmaler Zehenpartie, die das Ausdehnen der Zehe nach außen verhindern.

Der Vergleich von Mengen wird oft als Verhältnisse bezeichnet. Das Verhältnis der verschiedenen Fußteile zur Körpergröße unterscheidet sich beim Säugling von dem im Erwachsenenalter. Zwischen diesen beiden Zeiträumen ändern sich die Verhältnisse ständig.

Es gibt zwei Serien von Schuhgrößen auf dem Markt; die kleinste Schuhgröße für Kleinkinder (Größe Nr. 1) ist bzw. war ursprünglich 10 cm lang; Jede hinzugefügte volle Größe bedeutet eine Längenzunahme von einem Drittel Zoll (Größen 1 bis 5). Kindergrößen gibt es in zwei Serien: 5 bis 8 und 8 bis 11; dann verzweigen sie sich in „ Jugendliche" und „Fräuleins"; Beide laufen in den Größen 11½, 12, 12½, 13, 13½ und wieder zurück zu 1, 1½, 2 usw. in einer Reihe von Größen, die bis hin zu Herren- und Damengrößen reichen. Jungenschuhe gibt es in den Größen 2½ bis 5½; Männer von 6 bis 11 in regulären Läufen. Größere Größen werden normalerweise auf Sonderbestellung hergestellt. Einige wenige Hersteller gehen auf 12. Die Damengrößen reichen von 2½ bis 9. Einige Hersteller gehen nicht über Größe 8 hinaus. Der Größensatz variiert manchmal von Herstellern spezieller Schuhlinien. Der Schuh Nr. 8 eines Mannes wäre fast 21 Zoll lang. Diese Messungen stammen aus England und sind heute nicht mehr absolut.

Es wird ein französisches Größensystem verwendet, das aus einem Chiffriersystem von Markierungen zur Angabe der Größen und Breiten besteht, sodass der Kunde die tatsächliche Größe möglicherweise nicht kennt.

Nicht alle Füße sind in Struktur und Form gleich. Im Säuglingsalter ist der Fuß an den Zehen breit, die in Längsrichtung nach vorne drücken. Die Ferse ist im Vergleich zur Breite der Zehen klein und aufgrund der unentwickelten Knochen auch kurz. Aber während des Wachstums verschwindet die Dicke über den Fersenknochen, und die Ferse selbst wird dicker und nimmt mit der Reife die Schönheit der Perfektion an. Diese Entwicklung ist auf das Wachstum der Knochen zurückzuführen, die in dieser Zeit gut trainiert und gepflegt werden müssen. Die verschiedenen Teile der Füße und Beine reifen nicht im gleichen Tempo heran – die oberen Teile des Körpers wachsen schneller als die unteren Teile. Zuerst entwickeln sich die Oberschenkel, dann der obere Teil der Beine und zuletzt die Füße.

Der erwachsene Fuß ist, wenn er richtig geformt ist, an der Innenseite von der Ferse bis zu den Zehen gerade und an den Gelenken breiter als etwa 2,5 cm weiter hinten. Die Art des Gehens hat großen Einfluss auf den Charakter und die Entwicklung des Fußes.

Es gibt viele Arten von Füßen, die auf eine Reihe von Ursachen zurückzuführen sind, wie z. B. Gewohnheiten, Klima, Beruf, Ort usw. Als allgemeine Regel können wir die Füße in vier Klassen einteilen: Knochenfüße – solche mit sehr wenig Fleisch ihnen; harte Füße – solche, die viel Fleisch haben, aber fast so hart wie Stein sind; fette Füße – rundlich, mit viel Fleisch, aber wenig Form; Schwammige Füße – solche, die keine Knochen zu haben scheinen, kommen normalerweise beim weiblichen Geschlecht vor.

Die Eigenschaften eines Fußes ähneln denen des Körpers, mit dem er verbunden ist. Manche Menschen haben einen starken, knochigen Körperbau mit starken, festen Muskeln, hervorstehenden Knochen und Muskeln und einem harten Fleisch. Die Füße dieser Art von Menschen sind normalerweise lang, knochig und gewölbt, mit einem gut entwickelten Großzehengelenk. Die Absatzmaße sind im Verhältnis groß. Bei den Schotten ist ein Kippfuß weit verbreitet. Die Füße einer zart geformten Person mit einem kleinen Körperbau und dünnen, kleinen, sich verjüngenden Muskeln sind normalerweise dünn und fein geformt, was auf Schnelligkeit hinweist. Dieser Fußtyp bei Männern neigt dazu, einen Plattfuß zu entwickeln.

Ein Mensch mit einer zur Fülle neigenden Figur, voller Bewegung und Aktivität sowie einer guten Durchblutung hat einen gut entwickelten Fuß. Die Ferse ist rund und ziemlich hervorstehend, weist jedoch keine besonderen knöchernen Vorsprünge auf. Andererseits hat eine Person mit einem allgemein runden Körper, aber schlaffem Gewebe und Muskeln und einer schwachen Blutzirkulation , kurze, weiche und schlaffe Füße.

Wir gehen davon aus, dass diese vier verschiedenen Fußarten alle eine Größe von 4 und eine Breite von D haben. Man würde natürlich denken, dass ihnen allen die gleiche Schuhgröße passen würde, aber das ist nicht so. In diese Schuhgröße passt nur einer, und das ist der knöcherne Fuß. Die harten Füße erfordern eine C½-Breite; Die dicken Füße erfordern eine C-Breite und die Schwammfüße erfordern eine B-Breite.

Derselbe Letzte kann und wird oft auf die eine oder andere Weise eine leichte Abweichung aufweisen. Der Fußmonteur muss den Bestand und jedes Paar kennen und sich mit den Besonderheiten jedes Leistens und der Innenlinien jedes Paars Schuhe vertraut machen, bevor er versucht, sie an den Füßen des Kunden anzuprobieren.

Verschiedene Schuhfabrikate können in leicht variierenden Maßsystemen hergestellt werden. Eine Schuhlinie, die über ein kleines Maß hergestellt wurde, kann länger oder kürzer oder schmaler oder breiter sein als eine andere Linie. Die Fersenmaße erfordern eine sorgfältige Untersuchung jeder eingeführten Linie. Die Besonderheiten jeder Linie müssen mit Maßband und Maßband überprüft werden, und der Fußformer muss über fundierte Kenntnisse in diesen Linien verfügen.

Bei Bedarf sollten wir den Fuß am Stock messen und die Größe und Breite notieren, die voraussichtlich passen werden. Die Höhe des Fußgewölbes muss berücksichtigt werden, außerdem die Form der Fußgewölbekurve, die Form des Spanns und die allgemeine Kontur des Fußes. Ein normaler Fuß weist ein Fußgewölbe von etwa einem halben Zoll auf. Der durchschnittliche Fuß kann einen Absatz von 2,5 bis 2,5 cm tragen, ohne die Gelenke des Fußes zu belasten. Manche Füße weichen deutlich davon ab. Beim Gehen ist ein Fuß etwas länger als im Ruhezustand. Bei der Verwendung des Messstabes sollte berücksichtigt werden, was der Fuß tatsächlich auf den Stab zeichnet. Bei Herrenschuhen sollte die Toleranz zwischen zwei und zweieinhalb Größen liegen.

Wenn ein einbeiniger Mann einen Schuh kauft, schickt der Händler einen Schuh in die Fabrik, der zu dem noch übrig gebliebenen Schuh passt. In der heutigen Zeit, in der in jedem Herstellungsprozess Maschinen eingesetzt werden, werden Schuhe mit äußerster Genauigkeit und Präzision hergestellt, und es ist leicht möglich, den verbleibenden Schuh mit der größten Feinheit in Größe, Stil, Material und Verarbeitung zu kombinieren.

Nur wenige Menschen haben genau die gleichen Füße; Normalerweise ist der linke Fuß größer als der rechte, sodass ein Schuh möglicherweise etwas enger sitzt als der andere. Im Allgemeinen kaufen Menschen jedoch Schuhe in regelmäßig aufeinander abgestimmten Paaren, wobei der Unterschied an ihren Füßen, wenn er für sie überhaupt spürbar ist, nicht ausreicht, um einen anderen Schuhtyp wünschenswert zu machen.

Aber es gibt Leute, die Schuhe unterschiedlicher Größe oder Weite kaufen. In diesem Fall zerteilt der Händler zwei Paar für sie und gibt ihnen, passend zu ihren Füßen, jeweils einen Schuh. In solchen Fällen vergleicht der Händler die beiden verbleibenden Schuhe, jeweils einen von zwei Paaren, genau so, wie er es tun würde, wenn er ein Paar zerbrochen hätte, um einen Schuh an einen einbeinigen Mann zu verkaufen.

Aber ein Mann muss weder einbeinig sein noch Füße unterschiedlicher Größe oder Form haben, um den Händler zu bitten, ihm ein Paar Schuhe zu zerschlagen. Ein Mann mit zwei völlig gesunden Füßen kam in den Laden, in dem er zu kaufen pflegte, und wollte einen Schuh. Als er in einem Schlafwagen unterwegs war, waren seine Schuhe mit anderen verwechselt worden und er hatte einen seiner eigenen und einen eines anderen Mannes zurückerhalten; eine Tatsache, die er erst entdeckte, als er zu weit von Zug und Bahnhof entfernt war, um die Dinge in Ordnung zu bringen. Also kam er vorbei, um einen Schuh zu kaufen, der zu seinem eigenen passte.

KAPITEL FÜNF
WIE SCHUHSTILE HERGESTELLT WERDEN

Wenn Sie sich die Schuhe ansehen, die die Menschen in einer Großstadt tragen, werden Sie unterschiedliche Stile bemerken. Schuhstile, die vor einigen Saisons als grotesk bezeichnet wurden, sind heute vergleichsweise üblich, denn die neuen Designs bei Damenschuhen, die die Hersteller jetzt herstellen, sind die vielfältigsten, die jemals auf den Markt gebracht wurden. Pink, Grün und Blau gehören zu den neuen Farben bei den Materialien für Schuhe.

Einige der Modelle für die kommenden Saisons sind aufwendiger, als man sie bisher im Damenschuhhandel Amerikas gesehen hat. Die violetten Samtstiefel von Coronation scheinen eine extravagante Farbe für Schuhe zu sein, sind aber jetzt im Verkauf. Muster von rosa, grünen und blauen Schuhen, sowohl Stiefeln als auch Pumps, werden derzeit angefertigt und bald den Käufern angeboten.

Der Stil des Schuhs wird von der Mode dominiert. Alle Stile hängen zusammen, das heißt, jeder Teil unseres Kleides wird von der vorherrschenden Mode, den Vorstellungen von Farbe, Stoff oder Kleidungskontur beeinflusst. Zur Veranschaulichung: Wenn kurze Röcke stilvoll sind, tragen Frauen männliche Schuhe, die dazu passen. Bei langen Röcken hingegen müssen sie einen ordentlichen und kleinen Schuh tragen, daher das kurze Oberleder. Wenn Frauen im Sommer Weiß tragen, erfreuen sich coole Canvas-Schuhe großer Beliebtheit; Wenn graue und blaue Kleidungsmaterialien verwendet werden sollen, werden verschiedene hellbraune Schuhe getragen, um sie zu harmonieren usw.

Nachdem der Stil festgelegt wurde, gilt es, eine exakte Reproduktion zu erarbeiten. Ein erfahrener Modellbauer, Leistenbauer genannt, fertigt einen Leisten, ein Holzmodell des Schuhs. Hierzu ist es erforderlich, bestimmte Pläne bzw. Vorgaben für die Angaben des Schuhherstellers zu erstellen.

Es gibt bestimmte Teile aller Füße, die feste Maße haben. Zur Veranschaulichung: Die Länge des Unterschenkels, des Teils der Fußsohle zwischen Ferse und Fußballen, ist bei jedem Menschen immer gleich. Der Teil des Fußes hinter dem Ballen- oder Großzehengelenk entspricht bestimmten festen Maßen. Diese eindeutigen Maße bilden eine Grundlage, auf der der Leistenhersteller neue Stile entwickelt, indem er den Raum vor den Zehen verkürzt, verlängert, verbreitert oder verengt, aber stets die wahren und festen Maße des hinteren Teils des Leistens beibehält.

Wenn der Leistenhersteller einen neuen Stil herstellen möchte, nimmt er einen alten Leisten und heftet Lederstücke an einige Teile davon (Vorderseite der Zehen), baut ihn auf und schneidet andere Teile ab. Dieser zusammengeflickte Leisten wird zu einer speziellen Maschine (Drehbank) gebracht, wo aus einem Holzblock mehrere Duplikate gedreht werden.

Der „Schnittmacher" ist der Mann in der Fabrik, der Muster herstellt, bestehend aus schweren, mit Messing umwickelten Pappstücken, in den Formen der verschiedenen Lederstücke, die für den oberen Teil des Schuhs benötigt werden.

Der Schnittmacher hat aus Erfahrung herausgefunden, dass auch der obere Teil des Schuhs bestimmten festen Maßen entspricht, und da er in enger Zusammenarbeit mit dem Leistenmacher arbeitet, braucht er nur den vorderen Teil des Schuhblatts zu ändern, um dessen Ideen zum Ausdruck zu bringen. Mit diesen Maßen als Grundlage entwirft er von Zeit zu Zeit Oberteile unterschiedlicher Art, wie Knöpfe, Spitzen, Blusen, Befestigungen, Schnörkel, Träger, Krawatten, Pumps usw. Auf diese Weise entstehen Oberteile neuer Art.

Nachdem der Hersteller Mustermuster genehmigt hat, erhält der Modellbauer einen Auftrag über die Anfertigung einer bestimmten Menge an Mustern auf einem bestimmten Leisten, der ihm vorgelegt wird. Ausgehend von den festgelegten Obermaßen und der zuletzt übermittelten Grundlage entwirft der Modellbauer Pläne für ein Modellmuster. Die Standardgröße eines Modellmusters ist Größe 7 bei Herrenschuhen und Größe 4 bei Damenschuhen . Ihm wird auch eine bestimmte Anzahl von Breiten bestellt; zum Beispiel B, C, D und E, und er zeichnet auf Papier einen vollständigen Satz für jede Breite in der Größe 7. Diese vier Sätze von Modellmustern werden reproduziert und von Hand aus Eisenblech ausgeschnitten. Aber aus diesen Blättern können beliebig viele Eisenmodelle und normale Kartonmuster jeder Größe maschinell reproduziert werden.

Holz, das zu Leisten verarbeitet wird, kommt in roher, ungemeißelter Form zu den Schuhherstellern. Die Leisten bestehen aus Ahornholz; Hohlformen, die von Handelsreisenden und Fensterschneidern verwendet werden, bestehen aus Lindenholz.

Die Herstellung des Leistenmodells ist der anspruchsvollste Vorgang in der Fabrik. Es wird von einer Maschine hergestellt, die am wichtigsten ist. Das Prinzip dieser Maschine ist auf den Stromabnehmer zurückzuführen; das heißt, es wird aus einem rohen Holzblock eine exakte Kopie des letzten Modells gedreht; Oder es vergrößert oder verkleinert ein Duplikat einer anderen Größe oder Breite, so dass aus einem einzigen Leistenmodell, für das sich der Hersteller entschieden hat, beliebig viele Leisten in beliebiger Größe und Breite hergestellt werden können. Die Maschine selbst besteht aus zwei Drehmaschinen. Auf einem wird das Modell und auf dem anderen der Holzblock platziert. Das Modell wird durch eine Feder gegen ein Rad gehalten. Durch Verstellen dieses Rads kann jede gewünschte Leistenbreite erreicht werden, und durch Verstellen einer Stange vor der Maschine kann aus dem Holzblock jede beliebige Leistenlänge hergestellt werden.

Roher, ungemeißelter Ahornblock.

Ein Letztes nach dem Verlassen von Turning Lathe.

Ein fertiger Leisten.

Wenn die Drehbank in Bewegung ist, dreht sie sowohl den Leisten als auch das Modell, wobei das Modell gegen das Rad gedrückt wird, das eigentlich als Führung für das rotierende Messer dient, das sich in den Holzblock gräbt, und die Tiefe reguliert, die das Messer erreichen darf schneiden. Auf diese Weise wird das Modell aus dem Block reproduziert, der ebenfalls durch das Rad und die Stange in Größe und Breite reguliert wird. Diese Maschine ist so präzise, dass ein in das Modell eingeschlagener Stift, um die Mitte des Leistens zu lokalisieren, nach der Fertigstellung durch eine Art Holznoppe im Holzblock reproduziert wird. Das Modellsohlenmuster wird nun am halbfertigen Leisten ausprobiert, um die Genauigkeit sicherzustellen .

Beachten Sie bei den Leistenfiguren, dass die Drechselbank Holzstummel an den Zehen und Fersen hinterlassen hat. Diese müssen zu einem „Tempel" fertiggestellt werden. Die Schablone ist ein Maß oder eine Orientierungshilfe, mit der die Form angegeben wird, die ein Werkstück nach Fertigstellung annehmen soll. Von der Ferse und Spitze des Modells wird ein Stück Eisen in einem exakten Bogen dieses Modells geformt und auf der Heeler-Maschine als Führung verwendet, um eine exakte Kopie der Fersen und Zehen des Modells anzufertigen. Diese Maschine arbeitet sehr schnell und bringt mit Hilfe eines unregelmäßig geformten, rotierenden Messers die Zehen und Fersen schnell in die gewünschte Form. Die Böden werden noch einmal auf einem Sohlenmuster anprobiert und die letzte Nummer, die Größe und die Weite aufgestempelt.

Den Leisten haben wir nun als massives Stück Ahornholz und in die gewünschte Form, Größe und Breite gedrechselt. Wäre es möglich, den Leisten in dieser Form aus dem halbfertigen Schuh einzuführen und herauszuziehen, wären bei der Leistenherstellung keine weiteren Schritte erforderlich, da aber das Leder etwas später sehr straff über diesen Leisten gespannt wird, ist das Einbringen von erforderlich Eine Methode, die ein schnelles Entfernen des Leistens vom Schuh erleichtert. Dies wird erreicht, indem man es in zwei Teile schneidet und einen klappbaren Absatz anfertigt. Die Tatsache, dass die kleinste Messung die Größe des Schuhs verändert, erfordert große Sorgfalt bei der Einführung des Scharniers als Teil des Leistens, und um Genauigkeit und Gleichmäßigkeit bei allen Leisten zu gewährleisten , sind sie mit Schablonen und Gigs gekennzeichnet. Das Scharnier muss innerhalb des Leistens platziert werden.

Der fertige Leisten ist so konstruiert, dass er leicht in den Schuh eingesetzt oder aus ihm herausgezogen werden kann, und das starke Scharnier verleiht dem Leisten im eingesetzten Zustand die gleichen Steifigkeitseigenschaften, als wäre er aus einem Stück. Die Mitte des Leistens wird, wie bereits erwähnt, durch eine Reproduktion des im Modell angebrachten Riegels auf der Seite des Leistens angezeigt. Dies ist die Markierung, die die Position aller Löcher lokalisiert. Dies erfolgt durch einen „Gig" auf folgende Weise:

Ein Gig ist ein Stück Stahl mit Zylindern, die den Bohrer der Bohrmaschine in einer exakt senkrechten Linie führen. Dieser Riegel wird auf dem Leisten an der von der Drehmaschine markierten Position platziert und bildet die genaue Position der Schraubenlöcher, die das Scharnier halten.

Nachdem das Scharnier im Leisten angebracht wurde, geht es an die Bügelmaschine, um den Boden daran anzubringen, wenn es sich um einen McKay-Leisten handelt, und eine Fersenplatte, wenn es sich um einen Leisten handelt. Der Boden wird noch einmal probiert und der Teller bis zum gleichen Wert aufgefüllt. Der Leisten ist dann bereit, in den Scheuerraum zu gehen. In diesem Raum durchläuft der letzte drei Operationen, von denen die erste das Kräuseln ist. Dabei wird mit grobkörnigem Quarz geschliffen . Dieser Vorgang muss so durchgeführt werden, dass die Sohlenlinie und der Spann nicht mit dem Quarz in Kontakt kommen.

Der zweite Arbeitsgang, das mittlere Mahlen, wird mit feinem Quarz durchgeführt, und auch bei diesem Arbeitsgang hält sich der Arbeiter vom Zeh fern. Der dritte Arbeitsgang wird mit einem viel feineren Quarz durchgeführt, wobei der Bediener den gesamten letzten Arbeitsgang durchgeht. Der Leisten ist nun bereit zum Polieren und anschließend zum Auftragen einer dicken Schicht Schellack. Es wird auf einem Lederrad poliert und gewachst. Anschließend gelangt es in den Versandraum und ist für den Versand an den Hersteller bereit.

KAPITEL SECHS
ABTEILUNGEN EINER SCHUFABRIK – GOODYEAR WELT SHOES

Die wichtigsten Methoden zur Herstellung von Schuhen sind die folgenden:

Goodyear-Rahmen; McKay; gedreht; Standardschraube; gebunden; genagelt.

Der einfachste und anschaulichste Weg, die Herstellung der verschiedenen Schuharten zu veranschaulichen, besteht darin, die Herstellung eines Goodyear-Rahmens zu erklären und anschließend die Punkte aufzuzeigen, in denen sich diese Schuhherstellungsmethode von den anderen unterscheidet.

Schuhe werden in modernen Fabriken hergestellt, in denen Hunderte von Mitarbeitern beschäftigt sind. Die moderne Schuhfabrik von heute ist in sechs Hauptabteilungen unterteilt: die Sohlenlederabteilung, die Oberlederabteilung, die Nähabteilung, die Herstellungsabteilung, die Endbearbeitungsabteilung sowie die Baumverarbeitungs-, Verpackungs- und Versandabteilung.

In einigen Teilen des Landes werden mehrere dieser Abteilungen häufig mit anderen Namen bezeichnet. Die Nähabteilung wird oft als Anprobeabteilung bezeichnet; die Herstellungsabteilung, die Bodenbildungsabteilung; und die Abteilung für Sohlenleder, die Abteilung für Schaftanpassung. Der Kürze halber werden die Abteilungen im Volksmund als Räume bezeichnet.

Eine Schuhfabrik ist so konzipiert, dass jeder Raum eine Breite von etwa fünfzig Fuß hat, während die Länge sich nach der Anzahl der zu produzierenden Schuhe richtet. Eine Breite von etwa fünfzig Fuß sorgt für viel Tageslicht und ausreichend Platz in der Mitte jeder Abteilung, was bei der Schuhherstellung sehr wichtig ist.

Eine moderne Schuhfabrik.

Schuhfabriken sind normalerweise etwa 60 Meter lang, während viele sogar fast 120 Meter lang sind. Einige wenige sind mehr als 120 Meter lang und bis zu 250 Meter lang. Einige sind in Form hohler Quadrate gebaut, während bei anderen Flügel angebaut wurden, die fast so viel Grundfläche bieten wie das ursprüngliche Gebäude.

Die durchschnittliche Fabrik hat normalerweise vier Stockwerke. Im ersten Stock oder Keller befindet sich die Abteilung für Sohlenleder. In der nächsthöheren Etage befinden sich die Abteilungen Baumpflege, Endbearbeitung, Verpackung und Versand sowie das Büro. Die dritte Etage ist ausschließlich der Herstellungs- oder Bodenbildungsabteilung gewidmet. Das Obergeschoss ist so aufgeteilt, dass die Zuschnitt- und Nähabteilung jeweils eine halbe Etage haben.

Es gibt mehrere sehr große Fabriken in diesem Land, die es als vorteilhaft erachten, die Fabrik in mehrere Abteilungen zu unterteilen, da beispielsweise der Zuschnittraum so aufgeteilt ist, dass die Futter- und Besatzstoffe in einer separaten Abteilung geschnitten werden. Das Schälen kann auch in einem separaten Raum erfolgen. Der Herstellungsraum wird so aufgeteilt, dass das Zwicken aufgrund der vielen eingesetzten Arbeiter und Maschinen als separate Abteilung ausgewiesen wird. Ebenso wird es eine Arbeitsteilung geben, sodass Verpackung und Versand von der Baumfällung getrennt werden. Andererseits können in der Sohlenlederabteilung sowohl die Herstellung von Absätzen als auch die Anfertigung des Unterschafts zu eigenständigen Abteilungen werden.

Das System zur Herstellung von Damenschuhen ist praktisch das gleiche wie das von Herrenschuhen, außer dass in vielen Fabriken die Methode zur

Herstellung des Untermaterials etwas anders ist. Die meisten Hersteller von Damenschuhen schneiden kein Sohlenleder zu, sondern kaufen Laufsohlen, Einlegesohlen, Einsätze und Absätze, die alle zugeschnitten oder vorbereitet sind. Diese Sohlen sind in Blockform und groß genug, dass sie vom Hersteller passend zugeschnitten oder abgerundet werden können, um sie an ihre Leisten anzupassen. Beim Kauf sind die Theken bereit zum Anziehen des Obermaterials, während die Absätze bereit zum Anziehen der Schuhe sind. Wenn ein Hersteller von Damenschuhen sein Sohlenleder zuschneidet, verwendet er das gleiche System wie in den Herrenfabriken.

In Damenfabriken, in denen Sohlenleder nicht zugeschnitten wird, gibt es keine komplette Abteilung für Sohlenleder. Stattdessen gibt es eine sogenannte Stock-Fitting-Abteilung. Im Handel gibt es unabhängige Schnittsohlenhäuser etc., die die Sohlen an Hersteller liefern. Das gleiche System des Materialeinkaufs gilt auch für viele andere Teile des Schuhs, wie zum Beispiel für den oberen Saum, die Halbsohle , den Rahmen, den Rand usw. In der Oberlederabteilung kaufen Hersteller sowohl von Herren- als auch von Damenschuhen häufig Besätze und andere Teile zu des Obermaterials alles vorbereitet.

Ein großer Teil der Herrenschuhhersteller kauft mittlerweile komplett gefertigte Absätze, während ganze neun Zehntel komplett geformte Absatzschuhe kaufen. Die Sohlen und andere Teile, die für einen Schuh benötigt werden, werden in verschiedenen Qualitäten und Qualitäten hergestellt, und ein Hersteller kann jede gewünschte Sohlenqualität kaufen, so dass es als Vorteil angesehen wird, einige Teile zu kaufen, anstatt sie zu zerschneiden. In einer Seite des Sohlenleders gibt es fünfundzwanzig oder mehr verschiedene Sohlenqualitäten und -qualitäten, und nur sehr wenige Hersteller, insbesondere im Damenbereich, können alle davon verwenden. Je größer die Vielfalt der Schuhe, die ein Hersteller herstellt, desto vorteilhafter ist es für ihn, sein Sohlenleder selbst zuzuschneiden und alle Teile in seiner eigenen Fabrik vorzubereiten.

Hierzulande scheint die Zahl der Fabriken im Schuhhandel weniger zu wachsen und die durchschnittliche Fabrik jedes Jahr größer zu werden. Es wird geschätzt, dass es derzeit insgesamt etwa fünfzehnhundert Fabriken gibt. Diese reichen vom kleinsten Produkt bis zum größten. Man kann sagen, dass eine durchschnittliche Fabrik etwa zwölfhundert Paar Schuhe pro Tag produziert. Viele stellen täglich fünftausend Paare her, während einige Hersteller zehntausend oder mehr Paar herstellen. Mehrere Hersteller und Firmen verfügen über ein halbes Dutzend oder mehr Fabriken und produzieren insgesamt zwischen zwanzigtausend und dreißigtausend Paar

Schuhe pro Tag. So etwas wie einen Trust oder ein Monopol irgendeiner Art gibt es in diesem Gewerbe nicht und hat es bis heute auch nie gegeben.

In allen Fabriken und allen Arbeitsklassen bestand der „Fall" immer aus einer solchen Anzahl von Paaren, dass er in jedem Fall durch zwölf geteilt werden kann. Ein Fall kann aus zwölf, vierundzwanzig, sechsunddreißig, achtundvierzig, sechzig oder zweiundsiebzig Paaren bestehen, und in der Kinderarbeit sind es oft sechzig und zweiundsiebzig Paare. Alle Fälle dieser Zahlen sind reguläre Fälle, während jede andere Zahl ungewöhnlich wäre. Natürlich kann ein Schuhkarton eine beliebige Anzahl an Paaren enthalten, bei der regulären Arbeit wurden jedoch immer die oben angegebenen Zahlen verwendet.

Schuhkartons können unterschiedlich sein, aber jedes Paar Schuhe muss genau gleich hergestellt sein. Alle Schuhe werden in Einzelanfertigungen gefertigt, es sei denn, es handelt sich um Sonderanfertigungen oder Einzelpaarbestellungen oder Muster. Bei der Herstellung von schweren Herrenschuhen oder Arbeitsschuhen betrug die übliche Menge früher sechzig Paar oder sechsunddreißig Paar, doch in letzter Zeit geht die Tendenz dahin, eine Standardmenge von vierundzwanzig Paaren zu verwenden. Im Feinhandel für Herren sind es im Regelfall vierundzwanzig Paar, während es bei Damen sechsunddreißig Paar sind. Lange Stiefel für Herren wurden schon immer in Zwölfpaar-Kartons gefertigt.

Die Waren werden nach Mustern verkauft, die mit dem Handelsreisenden verschickt werden. Sobald er eine Bestellung erhält, sendet er sie an die Zentrale. Hier werden die Bestellungen aufgeteilt und an die produzierenden Fabriken weitergeleitet. Beispielsweise würde eine Bestellung von 75 Dutzend Herrenschuhen eines bestimmten Stils, die vom Handelsreisenden in der Zentrale eingegangen ist, in Form einer maschinengeschriebenen Bestellung an die Fabrik gesendet werden, die die allgemeine Beschreibung und die darin angegebenen Größen enthält Das Formular wird für jeden Fall gemäß den Angaben auf den Etiketten erstellt, die im Büro ausgefertigt werden. Diese Tags geben die Sohle, den Absatz, das Obermaterial, die Art und Qualität, die Naht, den zu verwendenden Leisten, die Bodenbearbeitung, die Verarbeitung und die Verpackung an. Auf den Etiketten ist alles deutlich gekennzeichnet, sodass der Käufer jeden Schuh genau nach seinen Wünschen anfertigen lassen kann.

Diese Bestellung wurde vom Fabrikbüro an den Zuschnittraum geschickt, wo ein Angestellter 25 lange Tickets ausfertigte.

Es werden 25 Stück hergestellt, weil die Schuhe in Losen von 24 Paaren durch die Fabrik gehen, wobei jedes Los als Arbeit bezeichnet wird und am Ende eine Kiste mit Schuhen hergestellt wird. Das lange Ticket wird in doppelter Form hergestellt und ist perforiert, sodass es an viele Schuhe gebunden werden kann. Beide Teile der Tickets sind so gestaltet, dass sie die verschiedenen Vorgänge mit den genauen Angaben enthalten. Der untere Teil wird in den Schaft- oder Sohlenlederraum geschickt, während der obere Teil beim Obermaterial verbleibt, das im Zuschnittraum zugeschnitten wird. Während jeder Teil des Tickets auf einem anderen Weg durch die Fabrik geschickt wird, treffen sie schließlich in Form von fertigen Schuhen aufeinander.

Neben dem bereits beschriebenen Langticket werden noch zwei weitere Billette ausgestellt, das Topticket und das Trimmticket. Das oberste Ticket wird in die Lederbehälter der Fabrik geschickt, wo der Sortierer aus Erfahrung genau weiß, wie viel Leder zum Zuschneiden der Bestellung erforderlich ist, und dabei darauf achtet, dass alles von einheitlicher Qualität und frei von Fehlern ist. Er rollt das Leder zu einem Bündel zusammen, befestigt das Ticket und schickt es zum Zuschneider.

Im Schneideraum gibt es drei Klassen von Schneidern; Besatzschneider, der Spitzenstäbchen, obere Besätze, hintere Bänder, Zungen usw. schneidet; Außenschneider, der Viertel, Vamps, Tops, Spitzen usw. schneidet; und der Futterschneider, der Stofffutter schneidet.

Eine neuneinhalb Fuß lange Haut, die vor dem Schneiden optimal geteilt wird.

In der Schuhfabrik werden Lederhäute in unterschiedlichen Formen erhalten. Einige sind perfekt, andere haben Schönheitsfehler oder unvollkommene Stellen. Die Häute, die für das Obermaterial verwendet werden sollen, werden von zwei oder drei Männern sorgfältig hinsichtlich

Lederqualität und Gewicht bewertet. Dies ist notwendig, um sicherzustellen, dass viele Schuhe, die für einen bestimmten Händler hergestellt werden, einheitlich sind. Da das Leder in verschiedenen Formen erhältlich ist, einige Häute sind perfekt, andere haben unvollkommene Stellen, muss der Zuschneider seine Muster so anordnen, dass bestimmte Teile des Schuhs alle perfekten Teile aufbrauchen und andere, weniger wichtige, dies tun aus den schwächeren Teilen der Haut bestehen. Dies erklärt, warum manchmal der innere obere Teil eines Schuhs aus Flankenleder besteht , während das Obermaterial aus einer besseren Qualität besteht.

Für jede Schuhgröße gibt es ein Schnittmuster und jedes Lederstück wird einzeln auf einem Holzblock ausgeschnitten. Nichts wird verschwendet. Um jeden Zuschneider so effizient wie möglich zu machen, sind die Zuschneider unterteilt, sodass für jede Ledersorte ein anderer Zuschneider zur Verfügung steht. Auf diese Weise können sie Leder besser beurteilen.

Die Auskleidungsschneider verwenden beim Bohren Muster und Messer. Der Besatz wird mit Messer und Muster ausgeschnitten. Die Seitenstreben und die Zunge werden mit Matrizen ausgeschnitten.

Nachdem das Leder in die gewünschte Form geschnitten wurde (Obermaterial, Oberleder, Zehenteile, Hinterstreben, Schnürsenkel usw.), wobei zeitweise zehn Stücke, bei einigen Schuhstilen sogar bis zu vierzehn Stücke geschnitten werden, kümmern sich die Zuschneider darum Halten Sie die Teile für denselben Schuh zusammen, passen Sie sie an und markieren Sie sie, damit sie sich schließlich alle im Schuh wiedersehen.

Mittlerweile werden in fast jedem Betrieb Maschinen eingesetzt, und jedes Jahr kommen mehrere neue Maschinen auf den Markt. Bis vor vier oder fünf Jahren wurde das Zuschneiden von Obermaterial von einem Bediener durchgeführt, der das Leder schnitt, indem er mit dem Messer an der Seite des Musters entlangfuhr. Mittlerweile verwenden sie in fast allen Fabriken eine Schneidemaschine und Matrizen zum Schneiden von Obermaterialien. Diese Schneidemaschine wird „Klickmaschine" genannt und gilt in einer Abteilung, in der die allgemeine Meinung herrschte, dass Maschinen niemals verwendet werden könnten, als ziemlich arbeitssparend.

Es ist unmöglich, eine vollständige Liste aller durchgeführten Vorgänge zu erstellen. Es kann jedoch ein guter allgemeiner Überblick über das System sowie die Bezeichnung und Bedeutung der Hauptoperationen in den verschiedenen Abteilungen vermittelt werden. Es ist zu bedenken, dass die Methoden in den einzelnen Räumen unterschiedlich sind und kaum zwei Fabriken einen Schuh auf genau die gleiche Weise verarbeiten. Das allgemeine System und der Plan sind überall gleich und die Maschinen sind in allen Fabriken gleich, aber die Details und kleineren Vorgänge sind so zahlreich, dass es viel Spielraum für Variationen gibt.

Die Funktion der Klickmaschine besteht darin, das Oberleder in die gewünschten Formen zu schneiden. Es besteht aus einem Eisenrahmen, auf dem sich ein Schneidebrett befindet. Darüber befindet sich ein großer Balken, der nach rechts oder links von jedem beliebigen Teil des Bretts geschwenkt werden kann. Das zu schneidende Leder, das beliebiger Art sein kann, wird auf das Brett gelegt und eine Stanze mit dem Design oder der Form des gewünschten Leders darauf gelegt. Der Bediener nimmt den Griff des Schwenkbalkens und bewegt ihn über die Matrize. Dann wird der Balken durch Druck auf den Griff nach unten bewegt und die Matrize durch das Leder gedrückt. Sobald dies erledigt ist, erreicht der Balken automatisch wieder seine volle Höhe.

Diese Matrizen werden in verschiedenen Designs und Größen hergestellt, um den unterschiedlichen Größen und Designs im Obermaterial des Schuhs gerecht zu werden. Eine Stanze für jedes Design und jede Größe. Sie markieren die Lage der Zehenkappe und der Blücher- Flecken sowie die Größe des Schuhblatts anhand von Einkerbungen am Rand des Schnittstücks. Die Stempel sind etwa einen dreiviertel Zoll hoch und so leicht, dass sie selbst das empfindlichste Leder nicht beschädigen.

Schneiden des Leders mit Muster und Messer. *Seite 118.*

Goodyear-Nähte.

Eine Maschine, die den Rand des Rahmens umnäht und genau an der Ferse mit der Sohle verbindet. *Seite 119.*

Nachdem der Außenschneider die Haut in Stücke geschnitten hat, um daraus den Schuh zu machen, werden diese in getrennten Bündeln zusammengebunden, das heißt, die vierundzwanzig Spitzen in einem Bündel, vierundzwanzig Paar Oberleder in einem anderen. Diese werden den Mädchen übergeben, die die Größen auf den Rand schablonieren und anpassen, d. h. darauf achten, dass jedes Obermaterial genau dem Mate entspricht.

Nachdem die verschiedenen Teile vom Bediener der Klickmaschine oder von Hand zugeschnitten wurden, müssen die Kanten des Oberleders, die im fertigen Schuh sichtbar sind, mit einer „Skiving-Maschine" zu einer abgeschrägten Kante ausgedünnt (geschält) werden. Dies geschieht, damit die Kanten des Leders, die im fertigen Schuh sichtbar sein sollen, gefaltet werden können, um ein vollendeteres Aussehen zu erzielen. Die Maschinen werden von Mädchen bedient; Jeder ist ein Experte für ein bestimmtes Stück.

Die Bestellnummer und die Schuhgröße sind auf dem Oberfutter jedes Schuhs eingeprägt. Nachdem alle Auskleidungen gemäß den Angaben auf der Anleitungskarte, die den Teilen des Schuhs beiliegt, vorbereitet wurden, werden die Teile zur Nähabteilung geschickt, wo die Näher auf einer Vielzahl von Maschinen alle verschiedenen Teile sehr schnell und präzise zusammennähen .

Anschließend werden die Zehenkappen am Rand mit einer Reihe ornamentaler Perforationen versehen. Dies geschieht entweder durch eine

„Power-Tip-Presse" oder eine „Perforiermaschine". Die erste besteht aus einer Reihe von Matrizen in einer Maschine, mit denen das Leder entsprechend den gewünschten Designs perforiert wird. Jede Matrizenserie repräsentiert ein anderes Design.

Die Perforationsmaschine ähnelt einer Nähmaschine, aber anstelle einer Reihe von Matrizen besteht die Maschine in dieser Maschine aus Einzel- oder Kombinationsmatrizen, die bei jeder Abwärtsbewegung ein oder mehrere Löcher erzeugen. Die Maschine führt den Vorschub automatisch durch und erledigt die Arbeit sehr genau. Durch den Druck auf ein Papierband wird verhindert, dass das Schneidwerkzeug stumpf wird. Mit dieser Maschine werden Verzierungen an anderen Teilen der Schuhe, wie z. B. an den Schuhblattkanten usw., vorgenommen.

Bevor es in die Hefterei geht, wird jedes Bündel von Sortierern untersucht. Die Sortierer sind geteilt und unterteilt; Das heißt, ein Mann sortiert immer Trinkgelder, ein anderer Vamps usw. Sie untersuchen jedes Teil auf Unvollkommenheiten, und wenn welche gefunden werden, wird das Teil weggeworfen und ein neues eingesetzt. Der letzte Arbeitsgang ist das Zusammensetzen der Teile. Hier wird jeder Job von vierundzwanzig Paaren zusammengeführt und sicher gebunden und nummeriert.

In dieser Nähabteilung sind im Allgemeinen weibliche Arbeitskräfte beschäftigt, obwohl in den letzten Jahren mehr Männer für die Bedienung von Maschinen eingesetzt wurden, insbesondere für das Nähen von Nähten oder anderen schweren Teilen. In einigen Teilen des Landes wird es Umkleidekabine genannt. Die Arbeit der Abteilung besteht darin, die verschiedenen Teile des Obermaterials zusammenzunähen, damit es zum Anziehen des Leistens bereit ist. Die verwendeten Begriffe bedeuten in den meisten Fällen das Annähen des genannten Teils an den Rest des Obermaterials. In der Abteilung gibt es sehr viele Operationen, von denen im Folgenden einige mit ihrer Bedeutung genannt werden.

Die Stückebündel, die aus dem Schneideraum kommen, werden auf den Tisch gelegt, wo sie in drei Teile unterteilt werden: die Auskleidungen, die Oberteile, die Vorderblätter und die Spitzen.

Die Futter für die Oberseite der Schuhe werden zusammengeklebt (mit dem hinteren Riemen und den oberen Bändern), wobei darauf geachtet wird, sie an den dafür vorgesehenen Markierungen zu verbinden. Nach dem Trocknen gelangen sie in die Hände der Maschinenbediener, wo sie mit einer Heftmaschine zusammengefügt und die Kanten etc. besäumt werden. Die verwendeten Nähmaschinen sind einer gewöhnlichen Heimnähmaschine sehr ähnlich, mit der Ausnahme, dass sie viel größer und stärker sind.

Lagerumkleidekabine.

Wo das gesamte Untermaterial nach dem Schneiden vorbereitet wird. *Siehe Seite 120* .

Das Futter ist fertig. Der nächste Schritt besteht darin, das Futter mit dem Lederstück zu verbinden, das die Außenseite derselben Form bildet, die sogenannte Oberseite. Die Oberseite erhält die Ösen durch eine Maschine, die in die richtige Position gebracht wird. Das Oberteil und das Futter können zusammengefügt werden, indem man sie direkt aneinander näht. Die Oberseite wird überprüft und alle Fäden werden abgeschnitten.

Nachdem die Schuhoberteile ordnungsgemäß zusammengenäht wurden, werden die Ösen mit einer „Duplex-Ösenmaschine" angebracht , die beide Seiten des Schuhs gleichzeitig öst. Die Oberseite der Ösen besteht aus massiven schwarzen Noppen, damit sie sich nicht messingfarben abnutzen, während die Unterseite (die im Inneren des Schuhs festsitzt), der Schaft genannt wird, aus Nickel besteht. Damit ist das Schuhoberteil fertig.

Anschließend werden Blatt, Zungen und Spitze zusammengefügt. Die Kanten der Flügel, Viertel, Spitzen usw. werden mit einem Zement aus Gummi und Naphtha bedeckt, der in kleinen Schüsseln auf den Bänken vor den Mitarbeitern aufbewahrt wird. Es werden verschiedene Zementsorten verwendet. Man lässt die verklebten Teile trocknen und die Kanten werden dann mit „Pressmaschinen" umgedreht, wodurch ein fertiges Aussehen entsteht. Der Schuh wird zusammengesetzt, indem das Vorderblatt an die

Viertel genäht wird. Diese Arbeit wird sowohl von Männern als auch von Frauen verrichtet und ist eine Arbeit, die viel Sorgfalt erfordert.

Beim Nähen von Obermaterial für Herren variiert das System in den verschiedenen Fabriken genauso stark wie bei Damenoberteilen . Hier sind einige der Operationen, die einen Eindruck davon vermitteln, wie Herrenoberteile verarbeitet werden.

Verlängerung oder Vorderteil am Vorderblatt angenäht.

Aufgenähte Lederbox.

Spitze mit dem Blatt vernäht.

Vamp hinten vernäht.

Oberseite um den Rand gefaltet.

Oben vernäht.

Ösenreihe nach oben und unten nähen.

Futter vernäht.

Seitlich mit Futter versehen.

Obere Verkleidung mit Futter versehen.

Futter und Außenseite zusammengeklebt.

Unter Beschnitt.

Ösen .

Haken.

Vampir.

Das Obermaterial ist fertig, wenn es den Nähraum verlässt und bereit zum Anziehen des Leistens ist. Während das Obermaterial vorbereitet wird, werden in anderen Abteilungen die Sohlen, Innensohlen, Einlegesohlen und Absätze hergestellt.

Wenn der Vorarbeiter dieser Abteilung die Etiketten mit den für die Vorbereitung der Laufsohlen, Einlegesohlen, Einsätze, Zehenkappen und Absätze erforderlichen Daten erhalten hat, werden diese in den Lagerraum geschickt, wo diese Teile aufbewahrt werden.

Die Sohlen werden mithilfe von Matrizen, die in „Ausstanzmaschinen" durch das Leder gedrückt werden, grob ausgeschnitten . Vor dem Zuschnitt der Sohlen wird das Leder in Wasser getaucht und ausreichend angefeuchtet.

Nachdem sie ausgeschnitten wurden, werden sie durch Abrunden in einer Maschine, die „Rundungsmaschine" genannt wird, auf die exakte Form gebracht. Das grob ausgestorbene Stück Leder wird zwischen Klammern gehalten, von denen eine das genaue Muster der Sohle darstellt. Die Maschine arbeitet mit einem kleinen Messer, das dieses Muster umkreist und die Sohle genau passend schneidet. Die Außensohle wird nun an eine schwere Walzmaschine übergeben, wo sie durch tonnenschweren Druck zwischen schweren Walzen gepresst wird. Dies ersetzt das Hämmern, mit dem der alte Schuhmacher sein Leder hämmerte, um die Fasern sehr eng zusammenzubringen und so die Abnutzung zu erhöhen.

Counters und Toe Boxes (Versteifungen, die zwischen der Fersen- und Zehenkappe und dem Obermaterial des Schuhs platziert werden) werden im selben Raum wie die Fersen vorbereitet. Nach der Herstellung werden sie in die Herstellungs- oder Schuhsohlenkammer geschickt, wo das Schuhoberteil auf sie wartet. Da die Theke ein wichtiges Element im Leben eines Schuhs ist, hängt viel von der Qualität des verwendeten Leders ab.

Anschließend wird die Sohle einer „Spaltmaschine" zugeführt, die sie auf eine absolut gleichmäßige Dicke zerkleinert. Die Innensohle ist aus leichterem Leder als die Außensohle, hat aber die gleiche Dicke und wird einzeln ausgeschnitten. Die Größen sind eingeprägt und sortiert.

Dauerhaft. *Seite 127.*

Welting.

Wenn Sie einen Rahmenschuh von Goodyear untersuchen, werden Sie feststellen, dass keine Nähte sichtbar sind, da die Naht an einem unteren Teil der Innensohle befestigt ist. Die Haltbarkeit des Schuhs hängt in hohem Maße von der Qualität und Festigkeit der Innensohle ab.

Die glatt wirkende Innensohle eines Rahmenschuhs muss entweder eingeklebt oder auf irgendeine Weise darunter befestigt werden. Diese Befestigung erfolgt, indem die Innensohle durch eine sehr kleine Maschine namens Goodyear Channeler geführt wird, die in einem Arbeitsgang zwei Einschnitte vornimmt. Es schneidet einen kleinen Schlitz entlang der Kante der Einlegesohle, der sich etwa einen halben Zoll in Richtung der Mitte erstreckt.

Der obere Teil der Einlegesohle, der durch den Schlitz am Rand entstanden ist, wird auf einer Lippendrehmaschine nach oben gedreht, sodass er im rechten Winkel aus der Einlegesohle herausragt. Mit anderen Worten: Der Kanal wird geöffnet und zurückgelegt, sodass eine Kante um den Außenrand der Sohle entsteht. Dadurch entsteht eine Lippe oder Schulter, an der der Keder angenäht wird. Dadurch ist der beim Nähen verwendete Faden im fertigen Schuh nicht zu sehen. Der an der Oberfläche angebrachte Schnitt dient dem Bediener der Kedernähmaschine als Orientierung, wenn der Schuh ihn erreicht.

Die Innen- und Außensohlen sowie der Schaft werden nun in den Zwick- oder Gangraum gebracht. Der erste Teil des Zwickens wird „Zusammenbauen" genannt. Das bedeutet, dass viele Teile zusammengefügt werden, wie zum Beispiel Obermaterial, Schaft, Innensohle, Kastenspitze und Leisten. Der Verschluss wird im Obermaterial zwischen Futter und Vorderblatt platziert, während die Box-Toe-Schuhspitze geschält und in die Spitze des Obermaterials gesteckt wird (vorausgesetzt, sie wurde nicht im Nähraum genäht). Der Bediener befestigt zunächst die Innensohle an einem Holzleisten.

Es gibt sehr viele unterschiedliche Arten von Leisten, und beim Zuschneiden des Obermaterials muss für jede Art ein anderes Muster verwendet werden. Dann wird der Schaft auf den Leisten gelegt und kann nun an das Holz gezogen und gedehnt werden, um die gewünschte Form anzunehmen. Dies wird erreicht, indem die Schuhe auf die „Überziehmaschine" gelegt werden, wo die Schuhoberteile korrekt auf den Leisten gelegt werden, indem die Zangen einer Maschine das Leder an verschiedenen Stellen sicher gegen das Holz des Leistens halten. Durch die Hebelbewegungen werden die Schuhoberteile richtig eingestellt. Dann zieht die Zange das Leder fest um den Leisten und gleichzeitig werden zwei Riegel auf jeder Seite und an der Spitze teilweise eingetrieben, um den Schaft sicher zu halten.

Es wird nun auf die „Handzwickmaschine" gelegt, wo das Leder fest um den Leisten gezogen wird. Vor diesem Vorgang wird es in Wasser getaucht, um seine Form beim Formen beizubehalten und eine leichtere Formung durch die Maschine zu ermöglichen. Bei jedem Zug der Zange hält ein kleiner Stift, der automatisch teilweise eingefahren wird, die Kante des Schafts genau an Ort und Stelle, sodass jeder Teil des Schafts in alle Richtungen gleichmäßig gedehnt wird. Eine spezielle Maschine mit einer Reihe von „Wischern" wird zum Behandeln der Zehen und Fersen eingesetzt. Nachdem das Leder glatt um die Zehe gelegt wurde, wird es dort durch ein kleines Klebeband gehalten, das auf jeder Seite der Zehe befestigt wird und durch das überschüssige Leder, das an dieser Stelle eingekräuselt wird, sicher an Ort und Stelle gehalten wird. Das überschüssige Leder, das an der Ferse eingerollt ist, wird sanft gegen die Innensohle gedrückt und dort durch Stifte gehalten, die von einem raffinierten Handwerkzeug angetrieben werden. Bei all diesen Zwickarbeiten werden die Riegel nur teilweise eingetrieben, so dass sie später herausgezogen werden können und die Innenseite vollkommen glatt bleibt, außer an der Ferse des Schuhs, wo sie in den eisernen Absatz des Leistens getrieben und festgeklemmt werden.

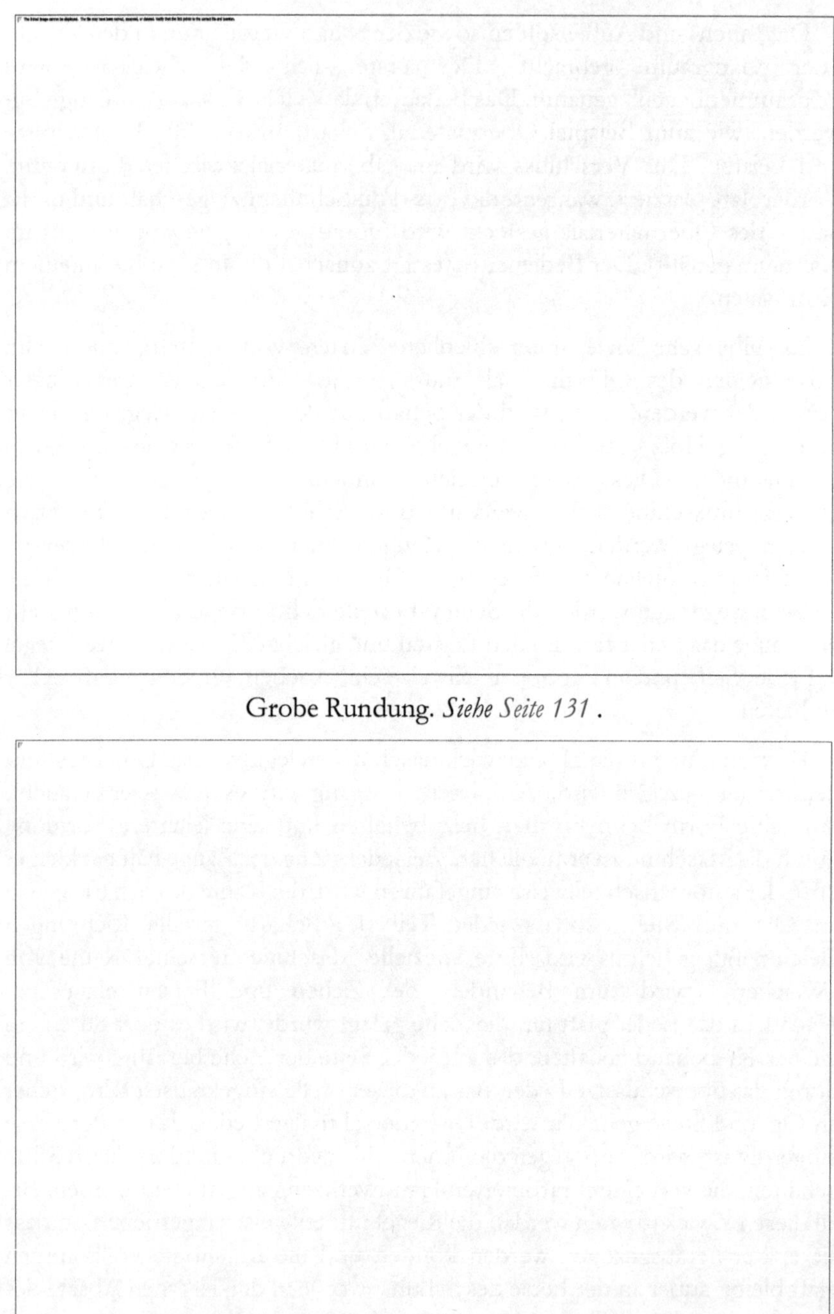

Grobe Rundung. *Siehe Seite 131* .

Kantenbeschnitt. *Siehe Seite 130* .

Nach diesen Arbeitsgängen wird das überschüssige Leder an der Spitze und an den Seiten des Schuhs von der „Oberschneidemaschine" entfernt, die es mit einem kleinen Messer abschneidet und es sehr glatt und gleichmäßig macht. Ein kleiner Hammer, der in Verbindung mit dem Messer arbeitet, hämmert das Leder an denselben Stellen. Eine Stampfmaschine hämmert das Leder und die Konterpartie rund um die Ferse, so dass die steife Position genau der des Leistens entspricht.

Nachdem der „gezwickte" Schuh zugeschnitten und auf die Form des Leistens gestampft wurde, wird er dem Reißnägelsetzer übergeben, der alle Reißnägel bis auf ein paar sogenannte Zugnägel herauszieht. Die Innensohle wird dann nass gemacht, um sie geschmeidig zu machen, und wird einem sehr erfahrenen Arbeiter, dem sogenannten „ Inseamer ", übergeben, der den Rahmen annähen soll.

Der Schuh ist nun bereit für die Aufnahme eines schmalen Streifens vorbereiteten Leders, der nach dem Nasswerden angenäht wird, um ihn geschmeidig zu machen. Er verläuft entlang der Schuhkante, beginnend dort, wo die Ferse platziert ist, und endet an derselben Stelle auf der gegenüberliegenden Kante. Dies wird Rahmen genannt und wird von der Innenlippe der Einlegesohle aus genäht, sodass die gebogene Nadel durch die Lippe, das Obermaterial und den Rahmen geht, alle drei sicher verbindet und es dem Rahmen ermöglicht, über den Rand des Schuhs hinauszuragen . Der Faden besteht aus sehr festem Leinen und wird durch eine Pfanne mit heißem Wachs geführt, bevor er zu einer Kettenmasche geschlungen wird, die den Schuh zusammenhält.

Die Art des Stichs ist eine Kette – zwei Fadenreihen auf der Außenseite, die sich mit dem einzelnen Faden in der Innenlippe der Innensohle verbinden. Wenn der Rahmen schließlich angenäht ist und der Schuh auf die Bank gelegt wird, sieht er aus wie ein gewöhnlicher Schuh, der auf einem breiten Lederrand ruht. Dieser Flansch ist der Rahmen, an dem die schwere Außensohle festgenäht werden soll. Sollte bei diesem Vorgang auch nur ein einziger Stich reißen, wird er an einen Schuster übergeben, der ihn von Hand repariert.

Vor dem Anziehen der Außensohle müssen die Kanten des Schafts entlang der Naht, die den Rahmen hält, beschnitten werden. Entlang der Innensohle, wo sich die Fußmulde befindet, wird ein Stahlstück namens „Steel Shank" verlegt und darüber ein Stück Lederplatte gelegt, um die nötige Steifigkeit zu verleihen und zu verhindern, dass sich der Schuh verdoppelt. Da der Rahmen entlang des Fußballens einen Hohlraum hinterlassen hat, ist es notwendig, diesen auszufüllen, entweder mit einem Stück Leder, gegerbtem Filz oder einem anderen Füllmaterial. Da Filz nicht wasserdicht ist und Leder quietscht, wird eine Mischung aus gemahlenem Kork und

Gummizement verwendet. Dieses wird erhitzt, auf der Sohle verteilt und über eine heiße Walze geführt, bis die Unterseite des Schuhs vollkommen glatt und eben ist. Die Schuhe werden auf ein Gestell gelegt und sind bereit für die Außensohle.

Die Sohlenbefestigung erfolgt in mehreren Arbeitsgängen, bei denen mehrere oder mehrere separate Maschinen zum Einsatz kommen. Nachdem die Außensohle in Wasser eingeweicht wurde, um sie geschmeidig zu machen, schmieren die Sohlenschichten mit einer „Klebermaschine" einen Gummizement über diesen Rahmen, setzen ihn dann auf den Schuh und nageln einen einzelnen Nagel in die Ferse. Die „Sohlenlegemaschine" zementiert mit großem Druck die Sohle und passt sie jeder Biegung des Leistens an. Anschließend wird die Sohle mit einer „Rundrundmaschine" beschnitten, die die Sohlen auf die Form des Leistens zuschneidet. Diese Maschine kanalisiert gleichzeitig auch die Außensohle, die für den nächsten Arbeitsgang notwendig ist. Die „Kanalöffnungsmaschine" dreht nun die Ränder des Kanals nach oben und die Sohle kann an den Rahmen genäht werden.

Die Außensohle wird nun mit einem gewachsten Faden mit dem Rahmen vernäht, und zwar mit einer „Außensohlensteppstichmaschine", die einer Rahmennähmaschine ähnelt. Der Stich ist feiner und reicht vom Schlitz (Kanal) bis zur Oberseite des Rahmens, wo er nach der Fertigstellung des Schuhs sichtbar ist.

Es verbindet Sohle und Rahmen mit einem dicht gezogenen Steppstich von bemerkenswerter Festigkeit. Es näht einen Zentimeter Leder so leicht durch, wie eine Frau ein Stück Stoff durchnähen würde. Die Nähte werden durch den Rahmen und die Außensohle geführt, wobei die Naht im Kanal der Außensohle verläuft.

Nivellierung. *Siehe Seite 135* .

Fersen. *Siehe Seite 136* .

Die Innenseite des Schlitzes, in dem dieser Stich gerade gemacht wurde, wird nun mit einem Pinsel mit Zement bestrichen. Die Rinnenlippe wird nach dem Trocknen des Zements durch ein schnell rotierendes Rad einer „Rinnenverlegemaschine" in ihre ursprüngliche Position zurückgedrückt. Auf diese Weise werden die Stiche verdeckt.

Rahmenschuhe werden auf drei verschiedene Arten angenäht: „kanalisiert", was nach der Fertigstellung einen unsichtbaren Stich auf der Unterseite der Sohle hinterlässt; „Normal genäht nach oben", zeigt die Stiche auf beiden Seiten; und „Fudge Stitched", bei dem die Naht in einer Rille versenkt ist und von der Kederseite aus fast unsichtbar ist .

Jede Masche muss so beschaffen sein, dass sie unabhängig von der nächsten Masche ist, damit sich die anderen nicht lösen, wenn eine Masche reißt. Dies wird dadurch erreicht, dass die Fäden kurz vor dem Eindringen in das Leder durch eine Pfanne mit heißem Wachs laufen, wodurch sich der gewachste Faden verfestigt und sozusagen ein Teil des Leders wird.

Beachten Sie den Unterschied zwischen der Art und Weise, wie die Außensohle genäht wird, und der Art und Weise, wie die Innensohle mit dem Obermaterial vernäht wird. Anstelle von drei Fäden im Kettenstich, „der den Rahmen mit dem Obermaterial und der Innensohle verbindet", gibt es hier nur zwei – einen oberen und einen unteren. Der Oberfaden reicht nur teilweise nach unten, wo er sich in den Unterfaden schlingt, dreht und festhält. Aus diesem Grund können Sie eine Rahmensohle durchgehend tragen, ohne dass sie sich löst.

Hochgenähte Schuhe durchlaufen die gleichen Arbeitsgänge wie kanalgenähte Schuhe, mit der Ausnahme, dass die Rundungsmaschine zum Schneiden entfällt.

Schuhe, die mit Fudge-Nähten versehen werden sollen, werden durch dieselbe Maschine geschickt wie die oben genähten Schuhe, aber eine zusätzliche kleine Messerspitze am Arm des Goodyear-Nähers gräbt einen Kanal in den Rahmen, sodass die Nähte auf dieser Seite im Leder versenkt werden .

Die Außensohle wird nach dem Nähen auf der „losen Nagelmaschine" an der Ferse festgenagelt. Dabei werden die Nägel durch die Außen- und Innensohle getrieben und an der Stahlplatte des Leistens befestigt. Die Maschine treibt einzelne Nägel jeder gewünschten Größe und Länge aus dem Trichter mit einer Geschwindigkeit von 350 pro Minute ein.

Der Rand der Außensohle um die Ferse herum wird nun auf der „Fersensitz-Stanzmaschine" so zugeschnitten, dass er genau der Form der Ferse entspricht.

Die Nähte der normal genähten Schuhe sind durch eine Reihe von Vertiefungen getrennt, was dem Schuh den gewellten Effekt verleiht, der das Erscheinungsbild des Schuhs so deutlich aufwertet. Bei der Fudgestich-Arbeit werden die Stiche durch die Vertiefungen vollständig verdeckt.

Dann kommt eine Richtmaschine zum Einsatz, die sogenannte „automatische Sohlenrichtmaschine", die einen Druck von etwa zweieinhalb Tonnen auf jede der konkaven Walzen ausübt. Die Rollen bewegen sich automatisch hin und her und von einer Seite zur anderen und erledigen die Arbeit, die der Schuhmacher früher auf seinem Schoß mit Hammer und Stein erledigte, aber besser und schneller. Es glättet praktisch die Unterseite der Sohlen.

Eine automatische Lehre regelt genau den Abstand von der Kante des Leistens, und durch den Einsatz dieser Maschine ist der Bediener in der Lage, eine Sohle an die aller anderen Sohlen mit ähnlichem Design und ähnlicher Größe anzupassen.

Absätze entstehen durch das Zusammenkleben verschiedener Lederschichten. Eine Maschine namens „Fersenschneider" formt die Hebungen. Anschließend wird die Ferse unter Druck gesetzt, was ihr eine exakte Form verleiht und die Abnutzung deutlich erhöht.

Fersenformung. *Siehe Seite 138* .

Wenn man von den Enden und Seiten eines Absatzes spricht, wird der Teil, der auf dem Boden aufliegt, als Oberteil bezeichnet, und der erste Teil wird als Oberteillift bezeichnet. Der Teil, der am Schuh befestigt ist, wird als Gesäß bezeichnet, während die Seite, die den Zehen am nächsten liegt, als Brust bezeichnet wird. Der Keil ist ein flaches, absatzförmiges Stück oder ein Stück Leder, das an der Brust zu einer dünnen Kante abgeschrägt ist. Da es hinten dicker ist, kippt es die Ferse nach vorne. Keile werden aus dünnen Lederresten oder aus Lederplatten hergestellt und mit einer Hohlstanze ausgeschnitten. Die Rillen werden im Sohlenlederraum aus Fetzen geschnitten und stellen einen regelmäßigen Fersenlift dar, der ein hufeisenförmiges Stück Leder mit einer Öffnung an der Brust aufweist.

Das Sohlenleder, die Einlegesohlen, die Schaftkappen und die Absätze werden in der Abteilung für Lagerbeschläge „herausgeholt", indem sie mit einer Maschinenstanze in Form geschnitten werden.

Die Ferse wird nun von allen rauen und überschüssigen Lederteilen auf die exakte Größe der Oberkante abgeschnitten. Ein an der Maschine angebrachtes Gebläse entfernt alle Abfälle usw.

Die dem Vorderteil des Schuhs zugewandte Fersenbrust wird mit einem speziell geformten Messer, das am Schaft über die Sohle ragt, gleichmäßig und in der gewünschten Schräge zugeschnitten. Die Fersenkanten werden nun durch rotierende Rollen mit geformtem Schleifpapier perfekt glatt geschliffen. An der Maschine angebrachte Gebläse entfernen sämtlichen Staub.

Es gibt verschiedene Arten von Maschinen zum Befestigen der Ferse am Schuh, die alle sehr schnell arbeiten. Eines der neuesten Geräte ist das, das die Nägel füttert und von einem Mann und einem Jungen bedient wird, die zusammen eine Menge Arbeit leisten.

Die Nägel ragen leicht über die Ferse hinaus, um den Oberlift zu halten, der nun vom selben Bediener an derselben Maschine in Position gebracht wird. Es wird über die Köpfe der Nägel gedrückt und fixiert es. Die kleinen Nägel aus Messing oder Stahl, die den Absatz schützen und schmücken, werden nun von der „Universal-Schlagmaschine" eingetrieben. Diese Maschine schneidet die Butzen von einer Drahtrolle ab und treibt sie mit großer Geschwindigkeit hinein.

Wir haben praktisch jetzt einen grob geformten Schuh, der für die Endfertigung bereitsteht.

Hier werden die Fersenrohlinge abgeschliffen, Ferse und Sohle mit Schleifpapierrollen auf einer Scheuermaschine poliert, angefeuchtet, gebeizt bzw. geschwärzt, mit Borstenbürsten nachbearbeitet, zum Trocknen gelegt, mit einer Poliermaschine poliert, der Boden gestempelt mit dem Markenzeichen versehen und an einen Betreiber weitergegeben, dessen Aufgabe es ist, dafür zu sorgen, dass keine Nägel in den Schuhen zurückbleiben. Im Allgemeinen werden dafür Mädchen engagiert, da ihre Hände kleiner sind und es sehr wichtig ist, dass keine Reißzwecken übrig bleiben, was zu großen Problemen führen könnte. Wenn welche gefunden werden, werden sie mit einer Zange herausgeschnitten oder auf andere Weise entfernt.

Im Schuh wird im Allgemeinen auch ein Futter angebracht, das bei einem McKay-Schuh die gesamte Innensohle und bei einem Goodyear-Schuh nur die Ferse bedeckt. Hier müssen auch Schuhe vor dem Verpacken kontrolliert werden, um zu sehen, ob sie in jeder Hinsicht perfekt sind und jeder Schuh ein perfekter Partner im Paar ist.

Die Schuhe werden nun zur letzten Abteilung geschickt, der Abteilung für Baumpflege, Zubereitung und Verpackung.

Diese Abteilung befasst sich mit der Endbearbeitung des Obermaterials. Wenn die Schuhe in dieser Abteilung ankommen, sind die Böden und Kanten fertig, und es bleibt nichts anderes übrig, als das Obermaterial fertigzustellen und die Schuhe in Einzelpaarkartons und dann in Holzkisten oder Kisten zu verpacken.

Die verschiedenen Obermaterialien werden alle durch einen unterschiedlichen Prozess bearbeitet, wobei einige mit einem heißen Bügeleisen gebügelt werden, um Falten zu entfernen und das Obermaterial zu glätten. Das Bügeln wurde zuerst bei Kinderschuhen eingeführt, doch in den letzten Jahren wurde das heiße Bügeleisen bei fast allen Arten von Schuhen eingesetzt. Ein Schuh muss beim Bügeln auf einer Form oder einem Baum liegen, wobei die Form oder der Baum die gleiche Form wie der Leisten haben muss. Der Grundgedanke beim Bügeln ist derselbe wie beim Schneider, der ein heißes Bügeleisen zum Bügeln und Glätten der Kleidung verwendet. Im Einzelnen sind die Vorgänge wie folgt:

Bügeln.

Verpackung.

Jeder Schuh wird geglättet, nachdem er über eine Fußform gezogen wurde, die der ähnelt, auf der der Schuh gezwickt wurde, und alle Flecken oder Dreck, die sich bei früheren Arbeitsgängen unvorsichtig angezogen haben könnten, werden entfernt; Der Schuh wird mit einem für schwarze oder hellbraune Ware vorbereiteten Gummi abgewischt, matt gerieben und anschließend poliert. Bei vielen Lacklederschuhen besteht das Treeing, wie bereits erwähnt, darin, die Oberfläche zu reinigen und sie dann mit einem heißen Bügeleisen zu bügeln, wodurch alle Flecken entfernt werden und das Leder glänzend und schwarz bleibt.

Die Schuhe gehen schließlich an Handarbeiter, die die Kanten und Absätze ausfransen, sodass sie geschnürt und in die Kartons gelegt werden können. Nach dem Schnüren werden die Schuhe an Inspektoren weitergegeben, deren Aufgabe es ist, zu prüfen, ob sie perfekt sind, alle, die nicht perfekt sind, wegzuwerfen, sie zu dokumentieren und die perfekten Schuhe an die Packer weiterzugeben, die prüfen, ob die Größen übereinstimmen rechts, dass jedes Paar gepaart und in Papierkartons gelegt wird, sodass es für den Versand in Holzkisten verpackt werden kann. Das Verpacken der Kartons in Holzkisten wird von Männern durchgeführt, die den Deckel festnageln, wenn jeder Karton voll ist, markieren, wohin die Waren geschickt werden sollen, ein Protokoll davon anfertigen und die Kartons in Güterwaggons verladen.

Es gibt auch andere Obermaterialien aus Baumrinde, wie z. B. Wachskalb, und geteilte Obermaterialien, die in schweren Schuhen verwendet werden. Die Hauptidee beim Treen eines Schuhs besteht darin, ihm ein glattes und vollendetes Aussehen und ein gutes „Gefühl" zu verleihen. Bei der regulären Baumpflege verwenden sie flüssige Präparate, oft auch Zusammensetzung genannt, und diese werden in das Obermaterial eingearbeitet und füllen es bis zu einem gewissen Grad aus. In einigen Obermaterialien wird häufig französische Kreide verwendet, und es wird auch Öl oder irgendeine Form von Fett oder Gummi verwendet, wodurch das Obermaterial so aussieht, wie es war, als es zum ersten Mal auf das Schneidebrett der Schuhfabrik gelegt wurde. Alle in diesem Raum durchgeführten Arbeiten zielen darauf ab, dem Leder seinen ursprünglichen Glanz zu verleihen, der durch das Durchlaufen der verschiedenen Räume und die häufige Handhabung zum Teil verloren gegangen ist.

Es gibt noch andere Obermaterialien, die nicht geölt oder gebügelt, sondern lediglich gereinigt und poliert werden, um ihnen Glanz zu verleihen. Einige davon sind möglicherweise gekleidet. Einen Schuh anzuziehen bedeutet, einen flüssigen Verband anzulegen. In manchen Fällen werden zwei Schichten Verband aufgetragen, in anderen Fällen nur eine Schicht. Ein Schuh kann ein mattes oder ein helles Finish haben, je nachdem, wie der Käufer seine Schuhe am liebsten aussehen lassen möchte.

KAPITEL SIEBEN
McKAY UND TURNED SHOES

Das McKay-Verfahren wird sehr häufig bei der Herstellung von Billigschuhen eingesetzt. Seine Einführung stellte eine große Verbesserung gegenüber dem Nageln und Befestigen der Sohlen am Obermaterial dar. Es ermöglicht das Zusammennähen der beiden mit einer geraden Nadel, die durch die gesamte Dicke des Obermaterials, der Sohle und der Innensohle verläuft.

Wenn wir den McKay-Prozess durch die Fabrik verfolgen, stellen wir fest, dass er dem bereits erläuterten Goodyear-Rahmenprozess sehr ähnlich ist, wobei der Hauptunterschied in der Art der Befestigung der Sohle am Obermaterial liegt.

Querschnitte von Welt-Schuhen und McKay-genähten Schuhen.

Die Leisten und Muster erhält man auf die gleiche Weise wie im vorherigen Kapitel beschrieben. Die Bestellung wird im Werksbüro ausgefertigt und das Ticket an den Sortierer übergeben, der die erforderliche Anzahl Felle auswählt, diese zu einem Bündel zusammenrollt und dem Zuschneider übergibt. Die Zuschneider formen die verschiedenen Leder- und Futterstücke, die zu Bündeln zusammengebunden und in die Näherei geschickt werden. Hier durchlaufen sie die verschiedenen Nähmaschinen und kommen schließlich in Form eines kompletten Oberteils heraus, das bereit ist, an den Unterteilen befestigt zu werden.

Die Sohlen, Innensohlen, Einsätze und Absätze für McKay-Schuhe werden alle im selben Raum geformt, wie im Goodyear-Prozess beschrieben.

Es gibt einen Unterschied bei der Vorbereitung der Lauf- und Einlegesohlen. Es sei daran erinnert, dass die Außensohle des Goodyear-Rahmenschuhs lediglich ein auf den Schuh zugeschnittener Lederblock war und nicht kanalisiert war. Die Außensohle des McKay-Schuhs wird durch eine Kanalisierungsmaschine geführt, die einen Schlitz um den Rand der Sohle schneidet, das Leder nach hinten faltet und entlang der Innenseite des Schlitzes einen kleinen Graben gräbt. Man wird sich auch daran erinnern, dass die Innensohle des Goodyear-Rahmenschuhs mit zwei Schlitzen versehen war, von denen einer zurückgedreht war, um die Brust zum Annähen des Rahmenstreifens zu bilden. Die Innensohle eines McKay-Schuhs ist in keiner Weise kanalisiert, sondern bleibt glatt, wie die Außensohle des Goodyear-Rahmens. Nachdem das Obermaterial, die Sohlen, Einlegesohlen, Einlegesohlen und Absätze fertig sind, werden die Teile in die Zwickerei gebracht.

Der erste Vorgang wird „Zusammenbauen" genannt. Der Bediener nimmt eines der Oberteile, führt das Leistenteil ein, klebt einen Konter zwischen dem Futter und der Außenseite und legt an der Spitze unterhalb der Spitze eine „Box" (ein stabiles Stück Segeltuch, um der Spitze Stabilität zu verleihen) ein , legt die Einlegesohle ein und kann dann den Schuh am Leisten festziehen oder ihn dem Bediener an der Überziehmaschine geben, damit er das machen kann. Mittlerweile wird in fast allen Fabriken die Überziehmaschine eingesetzt, die das Handziehen ebenso ersetzt hat wie die Zwickmaschinen das Handzwicken. Das Zusammenbauen, Ziehen und Zwicken an der Maschine gehört zum regulären Zwickbetrieb. Früher musste der Handzwicker alle drei Teile erledigen, heute gibt es Maschinen, die fast alles erledigen können, und heute ist der Zwickervorgang in Zusammenbauen, Überziehen und Zwicken auf der Maschine unterteilt. Aber selbst diese Maschinen erledigen nicht alles, da überschüssiges Obermaterial abgeschnitten, Zehen abgestampft und Füllmaterial in die

Unterseite eingebracht werden muss. All dies wird bei einem McKay-Schuh erledigt, bevor die Sohle verlegt werden kann . Auch für diese Teile gibt es Maschinen.

Ein Zuschneider (dies geschieht von Hand) nimmt nun den Schuh, schneidet das überschüssige Leder ab, heftet den Schaft ein (ein kleines Stück Stahl, um dem Schaft der Sohle Stabilität zu verleihen), füllt alles glatt auf und führt ihn dann weiter an den Sohlenleger, der die Außensohle anlegt und festheftet.

Der Leisten ist nun aus dem Schuh gezogen und bereit für die McKay-Nähmaschine.

Diese Maschine näht direkt durch die Innen- und Außensohle und erfasst gleichzeitig die Kanten des Oberleders und des Futters zwischen den beiden und zieht sie alle eng und fest zusammen. Die Stiche werden direkt im Kanal der Außensohle angebracht, der tief genug ist, um die Stichreihe aufzunehmen, ohne dass eine Kante an der Außenseite der Sohle entsteht, nachdem der Kanal geschlossen und geebnet wurde. Anschließend wird der Kanal mit Zement gefüllt und an die Richtmaschine weitergeleitet, die den gelösten Lederlappen umstülpt, alles glatt drückt und die Naht so vollständig abdeckt, dass von der Naht keine Spur mehr zu sehen ist. Diese kleine umgeschlagene Lederlasche dient dem doppelten Zweck, die Nähte in der Sohle zu verbergen und sie gleichzeitig vor Abnutzung durch den Boden zu schützen.

Nähen.

Heften.

einem Absatz versehen werden , und von hier bis zur Versandtür durchläuft der McKay im Allgemeinen den gleichen Prozess wie ein Rahmen. Nach dem Absetzen werden die McKay-Schuhe neu belastet oder es werden Anhänger eingesetzt, um sie beim Durchgehen in Form zu halten. Das Einlegesohlenfutter kann auch hier eingelegt werden, bevor es erneuert wird , oder es darf erst eingelegt werden, wenn die Schuhe in einen anderen Raum gebracht werden. Zum Anziehen der Sohlen und Fersen muss der Leisten von McKay aus dem Schuh gezogen werden, dies gilt auch für einen Schuh mit Zapfen oder Nägeln. Aber bei einem Rahmenschuh oder einem Wendeschuh bleiben beide am Original-Leisten, bis die Sohlen und Fersen befestigt sind. Da der Wendeschuh von innen nach außen geleistet ist, muss er sich vom Leisten lösen, um mit der rechten Seite nach außen gedreht zu werden, und er wird direkt auf den Leisten aufgesetzt, sobald er gedreht werden kann. Die unterschiedlichen Methoden der Bodenbefestigung machen den Hauptunterschied zwischen Goodyear- und Turnschuhen einerseits und McKay-Schuhen mit Zapfen und Nägeln andererseits aus. Der Unterboden muss anders vorbereitet werden, um den Methoden gerecht zu werden. Somit ist ersichtlich, dass nur zwei Abteilungen betroffen sind, nämlich die Sohlenlederabteilung und die Herstellungsabteilung. Beim Zuschneiden, Nähen, Fertigstellen, Zuschneiden und Verpacken sind alle Vorgänge bei jedem Schuh praktisch gleich, unabhängig von der Sohle. Die Muster, nach denen Schuhe geschnitten werden, können jedoch unterschiedlich sein.

Im Finishing-Raum erfolgt die gesamte Endbearbeitung der Sohlen und Fersenkanten. Die Absätze werden geschliffen oder entfettet und anschließend unter Heißeisendruck geschwärzt und poliert. Am Rand wird viel Wachs verwendet, das durch das heiße Eisen geschmolzen wird. Die Fersenkanten können auch auf einem Rad oder einer Rolle bearbeitet werden. Es gibt verschiedene Möglichkeiten, aber das Ziel jeder Methode besteht darin, der Kante eine harte, schwarze und hochglanzpolierte Oberfläche zu verleihen.

Bei der Endbearbeitung des Unterteils wird die obere Erhebung abgeschliffen oder poliert, ebenso die gesamte Sohle und die Fersenbrust. Bei jedem handelt es sich um einen anderen Prozess, bei dem sich ein anderer Bediener um jeden Teil kümmert. Der Zweck des Schleifens oder Polierens mit Sandpapier besteht darin, eine glatte Grundlage für den als nächstes aufgetragenen Lack zu schaffen, der an allen Teilen der Unterseite die gleiche Farbe haben kann oder eine Farbe am Schaft und eine andere am Schaft haben kann Vorderteil. Die Beizen und Schwärzungen werden auf Untergründen eingesetzt und diese mittels Rollen und Bürsten auf einen hohen, harten Glanz gebracht. Bei schwarzen Schäften und Böden werden häufig heiße Eisen verwendet, um dem Finish zusätzliche Härte und Glanz zu verleihen.

Der gedrehte oder gedrehte Schuh ist ein feiner Damenschuh, der mit der falschen Seite nach außen gefertigt und dann mit der rechten Seite nach außen gedreht wird. Die Sohle wird am Leisten befestigt und der Schaft mit der falschen Seite nach außen umgedreht. Dann werden die beiden zusammengenäht, wobei der Faden durch einen Kanal oder Schulterschnitt am Rand der Sohle verfängt. Die Naht reicht nicht bis zur Unterseite der Sohle und auch nicht an Stellen im Inneren, wo sie am Fuß scheuern würde.

Die Vorbereitung des Obermaterials für einen Turn-Schuh ist identisch mit der eines Rahmen- oder McKay-Schuhs, mit der Ausnahme, dass die Rückseite etwas länger und etwas größer geschnitten ist, um über die Sohle zu reichen. Der wichtige Unterschied im Aufbau eines Turnschuhs im Vergleich zu einem McKay- oder Rahmenschuh besteht darin, dass er keine Innensohle hat und das Obermaterial direkt mit einem Teil der Sohle selbst vernäht ist.

Da das Zuschneiden des Obermaterials und die Nähvorgänge eines Turnschuhs mit denen von Goodyear und McKay identisch sind und erläutert wurden, werden wir uns mit der Formung der Sohle befassen, die sich von den beiden anderen Methoden völlig unterscheidet.

Ein Wendeschuh wird mit der falschen Seite nach außen zusammengesetzt und muss im Laufe der Herstellung gewendet werden, indem die Sohle wie eine Teppichrolle aufgerollt wird. Es ist also offensichtlich, dass nur hochwertiges, geschmeidiges Leder zufriedenstellend verwendet werden kann, und es wird große Sorgfalt darauf verwendet, nur das Beste zu verwenden.

Das Ausschneiden der Sohlen erfolgt auf den ebenfalls zuvor beschriebenen Balkenmaschinen. Anschließend werden sie auf der dem Fuß zugewandten Seite kanalisiert. Diese Kanalisierung ähnelt der bei der Rahmeneinlegesohle. Es werden zwei Einschnitte gemacht, der innere ist derselbe wie bei den Kedereinlagen. Die Außenseite ist jedoch anders, da der Flansch nicht aufgerollt, sondern quadratisch abgeschnitten wird. Dadurch entsteht ein Kanal, der am Rand und an der Oberfläche der Sohle beginnt und sich halbkreisförmig bis zur abrupten Wand des Einschnitts in der Sohle erstreckt, die die Brust bildet, an der das Obermaterial angenäht werden soll.

Nachdem die Sohlen kanalisiert wurden, werden sie eingeweicht, bis sie weich genug sind, um sich leicht aufrollen zu lassen. Anschließend werden sie auf Gestelle gestellt und in einem feuchten Raum aufbewahrt, bis sie benötigt werden.

Ein Turnschuh wird von Hand mit der falschen Seite nach außen gezwickt. Zuerst wird der Schaft mit dem Futter nach außen gedreht, dann wird der Leisten eingefügt und auch die Zehenbox.

Die Sohle wird gerade auf den Leisten gesetzt und dort festgeheftet. Mit Hilfe von Handziehern zieht der Bediener das Obermaterial über die Sohle und befestigt es sicher von einem Punkt, an dem die Fersenbrust aufliegt, bis zu dem Punkt, an dem sich der große Zeh erstreckt, und dann entlang der gleichen Strecke auf der anderen Seite. Als nächstes wird der Zehenbereich maschinell umwickelt, wobei an einer Seite ein Draht befestigt wird, der um die Kante verläuft und die hochgezogenen Teile des Obermaterials hält, das straff über den Leisten gespannt wurde.

Einnäher übergeben , der das Obermaterial an die Sohle näht, wobei die Nadel durch den Innenkanal, durch das Sohlenleder, durch den quadratisch geschnittenen Kanal nach außen und dann durch das Obermaterial verläuft und das Obermaterial verbindet mit der Luftmasche an der Sohle befestigen. Tatsächlich sieht die Unterseite eines Wendeschuhs zu diesem Zeitpunkt genauso aus wie die Unterseite eines Keders, mit der Ausnahme, dass der Wendeschuh immer noch mit der falschen Seite nach außen gedreht ist. Die Art des Stichs ist dieselbe – eine gewachste Fadenkette mit zwei Fadenreihen an der Außenseite, die sich mit dem einzelnen Faden in der Innenlippe der Innensohle verbinden. Der Schuh ist nur von der Schaftrückseite bis zur Spitze vernäht, der Fersenteil ist noch locker.

Die Naht wird nun mit einem Nahtschneider zugeschnitten, einer Maschine mit einem rotierenden, gezackten Messer, das die überschüssigen Teile des Obermaterials absägt, sodass es glatt und ebenmäßig mit der Sohle abschließt. Die Nägel werden alle mit einer Art Nagelzieher herausgezogen, der schnell und automatisch arbeitet.

Anschließend werden die Leisten herausgenommen und der Schuh auf rechts gedreht. Dieser Drehprozess ist kein schwieriger Vorgang, aber vielleicht der interessanteste Vorgang, den der Laie in der gesamten Fabrik sehen wird. Der Vorgang wird mittels einer starren Eisenstange durchgeführt, die schräg in einen Tisch eingelegt ist. Das Obermaterial wird von Hand auf die rechte Seite gedreht und die Sohle durch Druck auf diese Stange auf die rechte Seite gerollt.

Nach diesem Drehvorgang, bei dem der Schuh verdreht und aus der Form gerollt wird, hat er nicht mehr den Anschein seiner endgültigen Form. Der hintere Teil der Sohle und der Schaft sind noch lose, der Schaft ist vom Schaft bis zur Spitze befestigt.

Der Wendeschuh muss „zweit" gehalten werden und das Einsetzen des Leistens ist keine leichte Sache. Eine Vorrichtung namens Push Jack unterstützt den Bediener erheblich. Mit einem flachen, schmalen Stab glättet er das Futter und nach dem Drücken, Schieben und Glätten wird der Leisten schließlich in den Schuh eingepasst. Zu diesem Zeitpunkt wird die Theke eingesetzt, das Schaftstück angebracht und der Schuh und der Leisten zum Nageln auf einen Wagenheber gesetzt. Das Obermaterial des hinteren Teils wird nun mit Hilfe von Zwickern fest über den Fersenteil des Leistens gespannt und festgeheftet, wobei die Nägel durch das Schaftstück gehen und gegen den Amboss-Fersensitz des Leistens geklemmt werden. Mit diesem Vorgang ist der Leisten fertig, der Schuh hat nun eine Form, die genau der Form des Leistens entspricht, über den er gefertigt wurde.

Arbeiter richten nun die Böden aus und formen den Schaft manuell, um den maschinellen Nivellierungsprozess vorzubereiten. Der Schuh ist noch nass und muss die letzten 24 Stunden trocknen. Anschließend wird es durch die sogenannte „Richtmaschine" geführt, die mit ihrem enormen Druck die Sohle an die des Leistens anpasst. Die Schuhe werden nun vier Tage lang auf dem Leisten trocknen gelassen, damit sie dauerhaft ihre Form behalten.

Das Anziehen der Ferse und die verschiedenen Endbearbeitungsprozesse sind praktisch die gleichen wie beim Rahmen, mit der Ausnahme, dass eine Turnsohle über eine Decksohle verfügen muss.

Einige Fabriken verwenden ein eingeklebtes Futter aus Narbenleder, das die Kanäle der Sohle, in denen die Nähte gehalten werden, abdeckt und eine glatte Oberfläche bildet, auf der der Fuß ruhen kann.

Der Unterschied zwischen einem McKay- und einem Turnschuh lässt sich daran erkennen, dass die Nähte an der Innenseite der Sohle bei einem Turn viel näher an der Kante liegen. Eine andere Sache, bei einem Turnschuh ist die Naht zu sehen, die das Obermaterial und die Außensohle verbindet.

Nichts übertrifft den Turn-Schuh an Leichtigkeit und Flexibilität, da bei der Herstellungsmethode, bei der die Sohle direkt mit dem Obermaterial vernäht wird, kein dickes oder sperriges Material dazwischengelegt wird. Es wird Sohlenleder von guter Qualität verwendet. Tatsächlich müsste die Sohle nicht nur stark, sondern auch dünn und leicht sein, sonst könnte der Schuh bei der Herstellung nicht gedreht werden, ohne ihn zu belasten und aus der Form zu bringen.

GESCHICHTE DES TURNSCHUHS

Die Geschichte besagt, dass vor 1845, dem Jahr der Einführung von Schuhmaschinen, die meisten Schuhe von Hand genäht wurden, die leichteren wurden gedreht und die schwereren rahmengenäht. Tatsächlich handelte es sich bei den ersten Fabriken, die zu Beginn des Jahrhunderts in

Neuengland zu entstehen begannen, lediglich um Räume und Lagerräume
für Leisten und Vorräte.

Hier wurden das Obermaterial, die Sohlen und das Futter von Hand
zugeschnitten und dann an die Menschen in der Umgebung, meist Bauern
und Fischer, verteilt, um sie zusammennähen zu lassen und dafür ein
Dutzend zu bezahlen. Dies war der Beginn der Schuhindustrie in
Neuengland. Hunderte von Familien stockten auf diese Weise ihre
Ressourcen auf, wobei die Frauen die leichtere Arbeit verrichteten und die
Männer die schwerere Arbeit.

In Fischergemeinden, in denen die Männer die meiste Zeit in ihren Booten
unterwegs waren, übernahmen ihre Frauen und Töchter, die zu Hause
blieben, die leichteren Arbeiten der Schuhmacherei – den Turn-Prozess. Dies
war in den „North Shore"-Städten wie Lynn, Haverhill und Marblehead der
Fall, und diese sind heute, den alten Traditionen folgend, die großen Zentren
für die feineren Turngrade der Schuhmacherei, während die „South Shore"
Städte wie Brockton, Whitman, Abington, Rockland und die Weymouths ,
in denen die Männer das ganze Jahr über zu Hause waren, stellten als
Spezialität Schuhe für Männer her und übernahmen den größeren Teil der
wachsenden Industrie.

Mit der Einführung der Goodyear-Drehmaschine wurde die Handarbeit
jedoch nach und nach abgeschafft, obwohl beim Wendeverfahren mehr
Handarbeit geleistet wird als beim McKay- oder Kederverfahren.

STANDARD-SCHRAUBSCHUHHERSTELLUNG

Viele gute Qualitäten von schweren Schuhen werden mit der Standard-
Schraubmethode hergestellt, die sich von der McKay-Methode dadurch
unterscheidet, dass die Außensohle und die Innensohle mit einem
Doppelfadendraht zusammengehalten werden, der durchgeschraubt und
von der Maschine abgeschnitten wird, sobald er ankommt Innenseite des
Schuhs.

Querschnitt eines Standard-Schraubschuhs.

Ein Schuh mit Zapfen wird weitgehend auf die gleiche Weise hergestellt wie die Standardschraube, mit der Ausnahme, dass Holzstifte anstelle von Draht verwendet werden, um die Sohle aneinander zu befestigen.

Bei der Nagelschuhherstellung werden die Sohlen am Rand zusammengenagelt. Es wird hauptsächlich für schwere, billige Schuhe verwendet.

KAPITEL 8
ALTMODISCHE SCHUHHERSTELLUNG UND REPARATUR

Der altmodische Schuhmacher stellte früher Schuhe von Hand wie folgt her: Man verwendete einen Leisten, ein hölzernes Modell eines Fußes, und hie und da wurden Lederstücke darauf geklebt, um ein dem Modell entsprechendes Modell zu erstellen Maße des Fußes. Aus dem Leisten wurden dann Papiermuster des Oberleders angefertigt und daraus die Oberleder aus gegerbtem Kalbsleder geschnitten und zusammengenäht.

Das Leder für die Sohlen wurde aus gegerbtem Ochsen- oder Ochsenleder geschnitten, wobei die Teile die Innensohle, die Außensohle und die Absätze des Absatzes darstellten. Die Innensohlen wurden aus weicherem Leder gefertigt. Manchmal wurden Spaltleder als Obermaterial verwendet. Anschließend machte der Schuhmacher das Leder weich, indem er es in Wasser einweichte, bis es geschmeidig und gleichzeitig fest war und sich wie Käse schneiden ließ.

Die Einlegesohlen wurden an der Unterseite eines Paars hölzerner Leisten befestigt und das nasse Leder mit Zwicknägeln befestigt, um es an den Leisten anzupassen. Als es trocken war, zog der Schuhmacher mit einer Zange das Leder heraus, bis es genau die Form der Unterseite des Leistens angenommen hatte. Dann rundete er die Sohlen ab, indem er die Kanten bis zum Leisten abnahm, und formte um diese Kanten herum einen kleinen Kanal oder Federschnitt oder Schlitz von etwa einem Achtel Zoll in das Leder.

Als nächstes durchbohrte er die Einlegesohlen rundherum mit einer gebogenen Ahle, die sich in das Leder „biss", aber nicht durch das Leder, und am Kanal- oder Federrand wieder herauskam. Anschließend wurden die Stiefel geleistet, indem man den Schaft auf die Leisten legte und die Ränder mit einer Zange fest um den Rand der Einlegesohlen zog. Anschließend wurden sie abschnittsweise mit Dauernägeln befestigt. Das Zwicken galt als sehr wichtiger Vorgang, denn wenn der Schaft nicht glatt und gleichmäßig über den Leisten gezogen wurde und weder Falten noch Falten hinterließ, wäre die Form ein Misserfolg. Anschließend wurde ein etwa einen Zentimeter breites, flexibles Lederband mit abgeschnittener Kante um die Seiten der Schuhe gelegt, bis zur Ferse oder zum Gesäß, und der Hersteller fuhr mit der „Innennaht" fort, indem er seine Ahle durch die Löcher führte , bereits in die Innensohle eingearbeitet, dabei den Rand des Obermaterials und den dünnen Rand des Rahmens fassen und alle drei mit einem gewachsten Faden in einer flachen Naht zusammennähen.

Die Fäden, die Schuhmacher verwenden, werden „Enden" genannt und bestehen aus zwei oder mehr Strängen kleiner Flachsfäden. Der Schuhmacher stellt seinen eigenen gewachsten Faden wie folgt her:

Er hält den Hauptteil des Fadens von der Spule in seiner linken Hand und hält ihn dort, wo er ihn reißen möchte, zwischen Zeigefinger und Daumen fest, damit er sich nicht über diesen Punkt hinaus dreht. Dann legt er mit der linken Hand das Ende des Flachses auf das Knie und rollt es von sich. Dadurch lösen sich die kleinen Fasern, aus denen der Faden besteht, und er kann ihn so leicht zerreißen. Wenn sich die Fasern trennen, dreht er den Faden leicht und schnell, wodurch er reißt. Wenn der Faden reißt, zieht er ihn nach und nach auseinander, so dass die Fasern sich verjüngen. Dann legt er die Fäden knapp hintereinander aneinander, so dass am Ende eine sehr feine Spitze entsteht. Er rollt das Ende und lässt es zwischen den Fingern der linken Hand drehen. Nachdem es gerollt und gedreht wurde, wird es gewachst, indem der Faden durch ein Stück Wachs gezogen wird.

Die feinen Enden sind spitz gewachst. Eine Borste wird auf folgende Weise befestigt: Der Kopf der Borste wird in der linken Hand gehalten und der Teil, an dem der Faden befestigt werden soll, wird gewachst; dann werden Faden und Borste miteinander verdreht. In den Faden wird ein Loch gebohrt, die Borste durchgezogen und befestigt. Nach dem Befestigen der Fäden werden die Borstenköpfe abgeschnitten und die Enden abgeschliffen.

Der Wachsfaden oder das sogenannte „Ende" sollte niemals länger sein, als zum Nähen eines Schuhs erforderlich ist. Die Erfahrung zeigt, dass, wenn ein Teil eines Endes, das nach dem Nähen eines Schuhs übrig bleibt, für den zweiten Schuh verwendet wird, es nie so stark ist wie ein neues Ende. Der Faden wird mit der Zeit immer schwächer. Wenn der Faden gut gewachst ist, wird er am Schuh festgeklebt.

Nachdem der Schuh genäht ist, beseitigt der Schuhmacher Unebenheiten und glättet die Sohle, indem er den vertieften Teil in der Mitte mit geteerten Filzstücken auffüllt. Die Schuhe sind nun bereit für die Außensohlen. Die Fasern des Leders, das für die Sohlen verwendet werden soll, werden durch Hämmern auf dem Schoßstein gründlich verdichtet . Dann werden sie mit Stahlnägeln durch die Innensohle befestigt, ihre Seiten werden gekürzt und ein schmaler Kanal wird um ihre Kanten geschnitten. Durch diesen Kanal werden sie mit dem Keder vernäht, wobei etwa zwölf Stiche starken, gewachsten Fadens auf den Zoll genau angefertigt werden. Anschließend werden die Sohlen in Form gehämmert; Die Fersenheber werden aufgesetzt und mit Holznägeln befestigt. Anschließend werden sie durch die Nähte der Einlegesohlen genäht; und die Oberteile, ähnlich den Laufsohlen, werden aufgesetzt und an den Aufzügen festgenagelt.

Die Endbearbeitung des Schuhs umfasst das Glätten der Fersenkanten, das Schälen, Raspeln, Schaben, Glätten, Schwärzen und Polieren der Sohlenkanten, das Herausziehen der Leisten und das Reinigen aller Zapfen, die möglicherweise die Innensohle durchbohrt haben. Es gibt zahlreiche kleinere Arbeiten im Zusammenhang mit der Weiterleitung und Veredelung verschiedener Materialien, wie zum Beispiel das Stanzen von Löchern, das Einbringen von Ösen usw.

WIE SCHUHE REPARIERT WERDEN

Bevor man verstehen kann, wie Schuhe repariert werden, muss man den Unterschied zwischen der Innenseite und der Außenseite eines Schuhs kennen.

Der letzte ist in vier Teile gegliedert, nämlich. Zehen, Ballen, Schaft und Ferse.

Diagramm Nr. 1 zeigt diese Teile und ihre Formen.

Diagramm Nr. 2 zeigt die Länge der Innenseite der Teilungen im Vergleich zu denen der Außenseite. Beachten Sie den langen Schaft und die kurze Kugel.

Diagramm Nr. 3 zeigt die Außenseite der Teilungen und ihre Auswirkung auf die Form des Schuhs. Siehe kurzer Schaft und langer Ball.

Denken Sie immer daran, dass der Ballen eines Schuhs außen länger ist und einen kurzen Schaft hat. Der Ball ist innen kürzer und hat einen langen Schaft. Vergleichen Sie die Außen- und Innendiagramme Nr. 2 und 3.

Wie eine Lederseite geformt und hinsichtlich der Qualität unterteilt wird.
Siehe Seite 5 .

Durchm. 1. Durchm. 2. Durchm. 3.

SCHUHREPARATUR

Der erste Arbeitsgang bei der Halbbesohleung eines Schuhs besteht darin, den alten Teil von „a" bis „c" abzuschneiden, wie in Abbildung Nr. 1 gezeigt. Der Schuh wird in verschiedene Positionen gebracht und in jeder Hinsicht korrigiert, bevor die neue Sohle angebracht wird. Generell ist es besser, den Schuh nass zu machen, um ihn in Form zu bringen.

Das Leder ist dünn und präzise genug geschliffen, um eine saubere, bequeme Verbindung herzustellen, und dennoch dick genug, damit die Nägel halten können.

Dann wird die Füllung hinzugefügt, bevor sie auf die Sohle gelegt wird. Die Sohle wird beschnitten und eine Führungslinie um den Rand gezogen, damit die Nägel richtig angeordnet werden können.

Die Fertigstellung der Sohle ist ein wichtiger Teil. Wenn alles andere richtig gemacht wird, wird dieser Teil vergleichsweise einfach. Achten Sie darauf, dass alle Nägel festsitzen. Mit einer ebenen Unterseite, glatten Fugen und Kanten kann der Schuh so gestaltet werden, dass er wie ein neuer Schuh aussieht und sich dennoch wie ein alter anfühlt.

Da die Ferse direkter unter dem Körper liegt und als erstes den Boden berührt, nutzt sie sich in der Regel zuerst ab. Aus diesem Grund muss bei der Reparatur eines Absatzes besonders darauf geachtet werden, dass gutes Leder und solide Arbeit verarbeitet werden. Ziehen Sie das abgenutzte Oberteil ab und achten Sie darauf, dass der Rest fest eingeschlagen ist. Als nächstes spalten Sie ein Stück festes, leicht zu schneidendes Sohlenleder, sodass aus einem zwei Stücke entstehen können. Legen Sie sie auf den Schuh und befestigen Sie sie Stück für Stück gut mit Reißnägeln. Achten Sie darauf, dass die Ferse gerade ist, bevor Sie das Oberteil anziehen. (Bei Bedarf kann ein kleines Stück unter das Oberteil gelegt werden.) Nachdem es eben ist, legen Sie das Oberteil auf, schneiden es in Form, zeichnen Sie dann eine Führungslinie und nageln Sie es fest. Um die Ferse zu schützen, werden die Nägel auf der am stärksten abgenutzten Seite dicker platziert. Anschließend wird der Absatz geraspelt und mit einem Schleifer und Schleifpapier geglättet. Wenn Sie fertig sind, sollte das Niveau erreicht sein.

MODERNE METHODE ZUR SCHUHREPARATUR

Da die Schuhindustrie immer perfekter geworden ist, wächst auch das Interesse an der Schuhreparatur. Ein mittelpreisiger Schuh, wie er heute hergestellt wird, ist oft in einem so guten Zustand, dass er ein paar Mal mit Absätzen und Sohlen versehen werden kann. Obwohl in der Vergangenheit viele Schuhgeschäfte und -abteilungen ihre Schuhreparaturen von externen Werkstätten durchführen ließen, besteht heute die Tendenz, dass jedes Schuhgeschäft über eine eigene Reparaturabteilung verfügt. Diese Methode ist größtenteils auf die Entwicklung von Maschinen zur Schuhreparatur zurückzuführen, die das Geschäft derart revolutioniert, dass das Reparieren von Hand in einigen Jahren zu den verlorenen Künsten gehören wird. Mit den neuen Erfindungen zur Restaurierung von Oberleder und der Verbesserung der Maschinen zur Schuhreparatur werden Reparaturabteilungen sehr bald nur noch Miniaturfabriken sein.

Die normalerweise verwendete Maschine besteht aus dem Goodyear-Hefter, der zum Anbringen von Sohlen an Goodyear-Rahmen im Steppstichverfahren verwendet wird, genau wie in Schuhfabriken, die Goodyear-Rahmenschuhe herstellen. Dann gibt es noch einen Fersenschneider, einen Po-Finisher, bestehend aus einer sich schnell drehenden Walze, die mit grobem und feinem Schleifpapier bedeckt ist, und einen Opera-Absatzbauer zum Formen konkaver Absätze. Es gibt zwei Räder, die für die Arbeit mit hellbraunen und weißen Absätzen verwendet werden, wobei einer der Absätze mit einem weißen Tuch und der andere mit einer groben Bürste bedeckt ist. Daran schließt sich normalerweise der Schaft- und Fersenfinisher an , der einen Schaft oder Absatz in etwa einem Dutzend Sekunden glätten und hochglanzpolieren kann, der Bodenfinisher, der die neue Sohle schleift und glättet, und eine Maschine, die zum vorherigen Abreiben von Schmutz dient Fertig ist der Schuh, bestehend aus einer schweren Rosshaarbürste. Ein weiterer nützlicher Teil der Ausrüstung ist ein Kantensetzer, der ebenfalls mit dem in Fabriken verwendeten identisch ist. Die Schuhnähmaschinen und die zur Endbearbeitung verwendeten Teile werden alle auf einer langen Welle betrieben, die mit Hilfe eines Motors schnell rotiert. Es ist eine Tatsache, dass ein Schuh tatsächlich in weniger als sechs Minuten besohlt und mit einem Absatz versehen sein kann.

In der Reparaturabteilung eines Großbetriebes sind in der Regel fünf bis sechs Männer beschäftigt. Wenn die Schuhe des Kunden hereingebracht werden, schneidet einer dieser Männer die alte Sohle ab und zeichnet auf einem Block feinsten Eichenleders den Umriss der neuen Sohle nach. Nachdem diese von Hand in grober Form ausgeschnitten wurden, werden sie in Wasser eingeweicht und kanalisiert; das heißt, es wird ein Teil der Sohle umgeschlagen, in den die Maschen verlaufen sollen. Ein zweiter Mann verbindet mit dem Goodyear-Hefter die Sohle und den Rahmen mit einem sehr starken und festgezogenen Steppstich. Dies ist eine große Maschine mit einer gebogenen Nadel mit Widerhaken, einer Ahle und einem Schiffchen, die mit größter Leichtigkeit und Geschwindigkeit durch einen Zoll Leder näht. Jeder Schuh hat einhundertfünfzig bis zweihundert Stiche; Darüber hinaus ist jedes einzelne Stück mit dickem Wachsfaden verschlossen, so dass keine Chance besteht, dass sie jemals verloren gehen. Sollte eine Masche reißen, bleiben die anderen Maschen intakt, da sie alle unabhängig voneinander sind. Beide Sohlen sind in etwas mehr als einer halben Minute angenäht, ohne dass ein Faden reißt oder die Maschine angehalten wird.

Nun wird eine Gummikleberschicht auf die Kanten der Außensohle aufgetragen und der Rand des Kanals wird geglättet, so dass die Nähte beim Blick auf die Unterseite des Schuhs vollständig verborgen sind. Anschließend erfolgt der Kantenbeschnitt mit Hilfe eines sich schnell drehenden Rades, das die Kanten in etwa vierzig Sekunden rechtwinklig zuschneidet. Anschließend wird der Schaft auf einem schnell rotierenden, mit Schmirgelleinen belegten Rad bearbeitet.

Der nächste Schritt ist die Bodenbearbeitung. Dies erfolgt auf einer Maschine mit zwei langen Zylindern, von denen einer mit feinem und der andere mit grobem Schleifpapier bedeckt ist. Diese Zylinder drehen sich schnell, und der Bediener verwendet das grobe Schleifpapier, um den Schmutz und die alte Oberfläche vom Leder zu entfernen, und das feine Schleifpapier, um die Sohle so glatt wie die eines neuen Schuhs zu machen.

Das Einbürsten bzw. Glätten erfolgt anschließend mit der bereits erwähnten Rosshaarbürste. Auf die Bürstenmaschine wird ein Präparat gegeben, das als Lewis' rivalisierendes Grundpolitur bezeichnet wird – eine Art weißes Wachs. Die Bürste glättet nun die Oberfläche der Sohle, füllt alle kleinen Löcher mit Wachs und hinterlässt eine absolut perfekte Sohle. Schließlich wird der Schuh gegen eine sich schnell drehende Bürste gelegt, die dem Obermaterial einen Glanz verleiht, der jeden gewöhnlichen Stiefelschwarz vor Neid erblassen lässt. Ein weiterer Arbeitsgang, der den Prozess komplett abschließt, ist das Härten der Kanten mit heißem Stahl, wodurch eine eisenharte Kante entsteht. Wenn sie mit einem schwarzen Farbstoff poliert wird, sieht sie genauso aus wie eine neue Sohle.

Zur Ferse sind noch ein paar Worte nötig. Nachdem der alte Absatz entfernt wurde, werden mehrere Schichten neuen Leders in rauer Form aufgeheftet. Anschließend wird der Schuh zum Fersenschneider gebracht und auf dem fein bespannten Drehrad in die richtige Form gebracht und anschließend zu einer glänzenden Oberfläche geglättet. In wenigen Sekunden ist es gebeizt, geglättet und poliert. In weniger als sechs Minuten ist der Schuh für den Kunden bereit.

KAPITEL NEUN
LEDER- UND SCHUHHERSTELLUNGSBEGRIFFE

ZUSAMMENBAU. Beinhaltet die folgenden Arbeitsgänge: Befestigen der Einlegesohle am Leisten, Einsetzen der Box und Theke des Schuhs und Anbringen des Schuhoberteils am Leisten.

ACHTERSTAG. Ein Begriff, der einen Lederstreifen bezeichnet, der die hintere Naht eines Schuhs bedeckt und verstärkt. Mit „Achterstag" ist der Lederstreifen gemeint, der auf beiden Seiten auf die Viertel trifft und mit ihnen vernäht wird und so den unteren Teil des Schuhs bildet. Unter dem Begriff „California Backstay" versteht man Rohrleitungen, die in der hinteren Naht hängen bleiben .

RÜCKENGURT. Der Riemen, mit dem der Schuh am Fuß festgezogen wird.

BAL. Eine Abkürzung des Wortes „Balmoral" und bedeutet entweder mittelhoher Herren-, Damen- oder Kinderschnürschuh, im Unterschied zu einem Schuh, der durch Knöpfe, Schnallen, Gummieinsätze usw. an den Knöchel angepasst wird.

BALL. Bezieht sich auf den Fußballen – den fleischigen Teil der Unterseite des Fußes, der Rückseite der Zehen.

PERLENSTICKEREI. Das bedeutet, die Kanten des Oberleders einzufalten, anstatt sie roh zu lassen, oder Abdrücke um die Sohle herum bis zur Ferse zu rollen. In vielen Schuhfabrikräumen wird es „Seat Wheeling" genannt .

AUSSCHLAGEN. Das Gleiche wie beim Nivellieren. Dies ist der Begriff, der bei Wendeschuharbeiten verwendet wird.

BALGZUNGE. Eine breite Zunge, die an den Seiten des Oberteils angenäht ist, sieht man bei wasserdichten Schuhen und manchen Arbeitsschuhen.

GÜRTEL. Der Begriff bezieht sich auf das übliche rückgegerbte Rindsleder, das in verschiedenen Stärken für Maschinengürtel verwendet wird.

ZWISCHEN SUBSTANZ. Der Teil der Sohle, der die Naht hält.

BLACKBALL. Eine Masse aus Fett und Lampenruß, die früher von Schuhmachern an den Rändern von Absätzen und Sohlen verwendet wurde; manchmal auch „Schusterpfuscher" genannt.

DEN RAND SCHWÄRZEN. Schwärzen oder Färben des Randes der Sohle, des Rahmens oder des Teils des Randes, der im Herstellungsraum nicht so gut geschwärzt werden kann.

BLOCKIERUNG. Das Schneiden oder Hacken einer Seezunge in eine solche Form oder Form, dass sie abgerundet werden kann.

BLÜHEN. Ein Begriff, der häufig für den grauweißen Belag verwendet wird, der sich auf Lagerschuhen ansammelt. Es lässt sich problemlos abwischen.

BLÜCHER. Der Name eines Schuhs oder Halbstiefels, der von Feldmarschall Blücher von der preußischen Armee zur Zeit Napoleons I. ins Leben gerufen wurde. Er erfreute sich großer Beliebtheit und erfreute sich seitdem gelegentlich großer Beliebtheit, da er zusammen mit hohen Absätzen als Sport- oder Jagdstiefel verwendet wurde. Sein charakteristisches Merkmal ist die Verlängerung der Viertel nach vorn, um sich über die Zunge zu schnüren, was eine Verlängerung nach oben über das Vorderblatt sein kann.

STIEFEL. Ein (vor allem im Ausland) verwendeter Begriff zur Bezeichnung hochgeschnittener Damenschuhe. In diesem Land gilt es nur für hohes oder geschlossenes Schuhwerk, dessen Oberteil normalerweise steif und fest ist. Manchmal ist es geschnürt, wie bei Jagdstiefeln.

STIEFELETTE. Zwischen Knie und Knöchel reichende Lederleggings, meist aus russischem Kalb, – ein Reitstiefel, der seinen Ursprung in den Engländern hat.

BODENFÜLLUNG. Die Füllung, die in den niedrigen Raum unten im Vorderteil des Schuhs passt. Es handelt sich entweder um gemahlenen Kork, geteerten Filz oder einen anderen Füllstoff.

BODENREINIGUNG. Die Teile der Sohle, mit Ausnahme der Ferse, abschleifen.

BOXEN. Ein Begriff, der das Versteifungsmaterial bezeichnet, das in die Spitze eines Schuhs eingebracht wird, um ihn zu stützen und seine Form beizubehalten. wie Leder, Zusammensetzung aus Leder und Papier, Drahtnetz, Bohren (ein mit Schellack versteifter Baumwollstoff) usw.

BOXCALF. Ein bekanntes Markenleder mit einer Maserung aus rechteckig gekreuzten Linien.

BOX-TOE. Wird verwendet, um die Schuhspitze so zu halten, dass die Form erhalten bleibt. Es besteht im Allgemeinen aus Sohlenleder, wird jedoch häufig auch aus Segeltuch oder einem anderen Material hergestellt und mit Schellack oder Gummi versteift.

DIE SOHLE BRECHEN. Die Sohle so formen, dass sie besser zur Feder passt.

BROGAN. Ein schwerer Arbeitsschuh mit Zapfen oder Nägeln und mittlerer Höhe.

BÜRSTEN. Die Endbearbeitung der Oberkante, der Ferse und der Unterseite erfolgt mit einem Pinsel.

WILDLEDER. Ein weiches Leder, im Allgemeinen gelb oder grau gefärbt. Eine Möglichkeit zur Zubereitung besteht darin, Hirschleder in Öl zu behandeln.

POLIEREN. Ein Spaltleder, gröber als Handschuhnarbung, aber ansonsten ähnlich. Es wird für günstigere Schuhqualitäten, vor allem für Herren, verwendet.

POLIEREN. Das Gleiche wie beim Bodenscheuern.

CABARETTA . Ein gegerbtes Schaffell mit hervorragender Verarbeitung, das für Schuhmaterial verwendet wird. Es gibt Schafe, deren Wolle in der Textur nicht weit vom Haar entfernt ist und deren Haut eine höhere Zähigkeit und Beschaffenheit aufweist als die gewöhnlicher Schafe.

CACK. Ein Sohlenlederboden ohne Absatz. Der Schuh eines Kleinkindes wird Cack genannt.

KALBSLEDER. Unter diesen Begriff fallen üblicherweise Häute von Fleischrindern aller Art mit einem Gewicht von bis zu fünfzehn Pfund. Sie ergeben ein starkes und geschmeidiges Leder. Kalbsleder wurde früher auf der Fleischseite mit Wachs und Öl veredelt, heute kann es jedoch so hergestellt werden, dass es auf der „Maserung", also der Haarseite der Haut, veredelt wird.

DECKEL. Ein Begriff, der dasselbe wie Trinkgeld bedeutet.

KARTON. Ein Karton für ein Paar Schuhe.

ZEMENTIERUNG. Hierbei wird Zement auf die Außensohle und die Unterseite des Rahmenschuhs aufgetragen, sodass die Außensohle durch den Zement am Schuh gehalten wird.

GÄMSE. Ein Leder, das aus den Häuten von Gämsen, Kälbern, Hirschen, Ziegen, Schafen und Spalthäuten anderer Tiere hergestellt wird.

KANALISIERUNG. So in die Sohle einschneiden, dass der Faden oder die Naht von der Oberfläche entfernt ist. Im Bereich Außensohle bedeutet es, eine Stelle für die Naht vorzubereiten. Bei Einlegesohlen und Wendesohlen erfolgt die Kanalisierung so, dass die Sohlen darauf vorbereitet sind, die Nähte zu halten.

KANAL VERSCHRAUBT. Ein Vorgang, bei dem die Sohle am Obermaterial befestigt wird. Nachdem ein Kanal geschnitten und auf die Außenseite der

Außensohle gelegt wurde, werden die Außensohle und die Innensohle miteinander verbunden, wobei das Obermaterial und das Futter mithilfe von Drahtschrauben, die in diesem Kanal befestigt werden, zwischen ihnen gehalten werden. Der geschälte Teil wird dann über den Schraubenköpfen geglättet, sodass diese vollständig unsichtbar sind und verhindert wird, dass sich die Schrauben leicht in den Fuß hineinarbeiten.

KANALGENÄHT. Eine Methode zur Befestigung von Sohlen am Obermaterial, entweder durch McKay- oder Kederverfahren, bei der ein Teil der Außenseite der Sohle kanalisiert wird und die Nähte anschließend auf der Unterseite durch die Lippe dieses Kanals abgedeckt werden.

KANALUMSCHALTUNG. Drehen einer Lippe oder Lasche aus Sohlenleder (Kanal genannt), damit die Nähte an der richtigen Stelle erfolgen können; Oder es kann bedeuten, dass die Lasche oder Lippe des Kanals nach oben gedreht wird, also der Teil, der die Naht abdecken soll.

ÜBERPRÜFUNG. Ein Begriff, der auf die Kanten von Absätzen oder Sohlen angewendet wird, die gerissen sind oder bei der Herstellung verletzt wurden.

INNENREINIGUNG. Reinigung des Futters.

NÄGEL REINIGEN. Schaben Sie die Schwärzung von der Oberseite der Fersenstollen ab.

SCHUHE PUTZEN. Entfernen von Schmutz, Wachs, Zement usw. von ihnen.

KLICKEN. Schneiden des Schuhoberteils.

SCHLIEßEN. Zwei oder mehr Teile zusammenfügen.

SCHLUSS. Futter und Außenseite zusammennähen.

KOLONIAL. Ein Name für den Halbschuh einer Frau, dessen Vorderblatt in eine ausgestellte Zunge übergeht und über dem Spann eine große Zierschnalle verfügt. Die Schnalle und die Zunge sind die charakteristischen Merkmale des Schuhs, unabhängig davon, ob der Schuh mit Schnürsenkeln oder Riemen befestigt wird.

COLTSKIN . Coltskin wurde in den letzten Jahren allgemein in der Schuhherstellung eingesetzt. Die Haut eines Hengstfohlens ist dünn genug, um als Ganzes wie Kalbsleder verwendet zu werden, mit der Rasur, die allen Häuten beim Gerben gegeben wird. Coltskin stellt eine feste Grundlage für Lackleder dar und wurde in den letzten Jahren häufig für diesen Zweck verwendet. Russland ist die Hauptlieferquelle.

KOMBINATION ZULETZT. Eines mit einer anderen Spannweite als der Ball. Es kann ein oder zwei Breitenunterschiede geben, z. B. der D-Ball mit einem B-Rist. Kombileisten werden in der Regel bei der Anfertigung von niedrigen Spannen verwendet.

KOMPOSITION. Ein Begriff, der die kleinen Abfälle bezeichnet, die sich in Gerbereien und Fabriken ansammeln, zermahlen und mit einer Paste oder einer Art Zement vermischt und zu Platten plattgedrückt werden, die als Einlegesohlen und an anderen Stellen in verschiedenen Schuhqualitäten verwendet werden , wo der Verschleiß nicht übermäßig ist.

KONGRESS-GAMASCHE. Ein Schuh, der besonders auf Komfort ausgelegt ist, mit Gummieinsätzen an den Seiten, die ihn an den Knöchel anpassen, anstelle von Schnürsenkeln, und manchmal auch mit Schnürsenkeln vorne, um einen normalen Schuh zu imitieren.

CORDOVAN. Ursprünglich ein spanisches Leder aus Pferdeleder. Die Spanier waren viele Jahrhunderte lang die besten Lederhersteller. Der Begriff bezieht sich auf ein genarbtes Leder aus dem besten und stärksten Teil eines Pferdeleders.

SCHALTER. Die Versteifung im hinteren Teil eines Schuhs, oft auch Versteifung genannt, soll das Oberleder stützen und verhindern, dass der Schuh an der Ferse „überläuft". Es besteht entweder aus Sohlenleder, das am Rand dünn gehobelt und maschinell geformt wird, wie bei den besten Schuhen, oder aus Komposit oder Papier, bei billigen Schuhen. Gelegentlich wird Metall an der Außenseite der Schuhe in schweren Gütern für Bergleute und Ofenarbeiter verwendet.

COUPON-TAG. Ein Etikett, aus dem für jeden Vorgang ein Coupon ausgeschnitten wird. Die Mitarbeiter behalten einen Teil des Coupons und die Inhaber der Coupons werden für den genannten Teil bezahlt.

RINDSLEDER. Bezieht sich auf Rinderhäute, die schwerer als Kips sind und jeweils bis zu 25 Pfund wiegen.

FALTENDER VAMP. Machen Sie hohle Rillen auf der Vorderseite des Oberleders, um dessen Aussehen zu verbessern.

CREEDMORE . Schwerer Herren-Schnürschuh mit Zwickel und Blücher-Schnitt.

KREOLISCH. Ein schwerer Kongress-Arbeitsschuh. Dieser Schuh, der Creedmore und Brogans bestehen normalerweise aus Ölkörnern, Kip oder Spaltleder, manchmal mit Klammern, manchmal „festgenäht".

CRIMPEN. Einen beliebigen Teil des Obermaterials so formen, dass es sich besser an den Leisten anpasst.

POLSTERSOHLE. Eine elastische Innensohle.

ABGESCHNITTENER VAMP. Eine Abschaltung am Trinkgeld dient der Sparsamkeit, wenn das Trinkgeld durch eine Kappe abgedeckt werden soll.

STERBEN . Zuschnitt von Sohlen auf Leisten-, Laufsohlen-, Einlegesohlen-, Absatzerhöhungs-, Konter- oder Halbsohlenbasis mit Maschine und Matrize.

DOM PEDRO. Ein schwerer Schuh mit einer Schnalle und Zwickel- oder Balgzunge. Ursprünglich war es ein Patentname für bestimmte Schuhe aus feinem Material, wird aber heute auch für billige Qualitäten verwendet.

DONGOLA. Ein schweres, pralles Ziegenleder, gegerbt mit halbglänzendem Finish.

DRESSING. Ein Verfahren, um dem Obermaterial durch Auftragen einer Flüssigkeit mit einem Schwamm sein ursprüngliches Finish zu verleihen.

KANTENEINSTELLUNG. Die Endkante der Sohle – Polieren.

KANTENBESCHNITT. Den Rand einer Sohle glatt kürzen, um ihn an den Leisten anzupassen.

EMAILLE. Leder, das auf der Narbenseite mit einem glänzenden Finish versehen ist. Der Prozess ähnelt dem von Lackleder, nur dass Lackleder auf der Fleischseite bzw. der Spaltfläche bearbeitet wird.

ÖSE. Ein kleiner Ring aus Metall usw., der zum Schnüren in die Löcher gesteckt wird; Die Ösenlöcher werden manchmal wie ein Knopfloch mit Faden gearbeitet.

ÖSEN . Ösen anbringen.

GEGENÜBER. Das gebleichte Kalbs- oder Schaffell wird rund um die Oberseite des Schuhs, entlang der Ösenreihe und an der Innenseite des Obermaterials verwendet.

FAIRER STICH. Bezeichnung für die Naht, die um die Außenkante der Sohle herum sichtbar ist und dem McKay-Schuh das Aussehen eines Rahmenschuhs verleiht.

FÄLSCHUNG. Einen beliebigen Teil der Unterseite des Schuhs mit Glanz versehen.

ERGEBNISSE. Die kleinen Teile eines Schuhs, wie Schwärzung, Zement, Nägel, Wachs, Reißzwecken, Fäden usw.

KLAPPE, LIPPE UND SCHULTER. Begriffe, die im Zusammenhang mit dem Kanal oder dem Nähvorgang verwendet werden.

ANHÄNGER. Jeder Leisten oder jede Form, die in einen Schuh gesteckt wird und aus der der ursprüngliche Leisten herausgezogen wurde.

VORDERTEIL-FINISH. Das Beizen und Polieren des Vorderteils des Schuhs.

BILDEN. Ein Begriff, der auf einen Füller zuletzt angewendet wird. Es kann aus Holz, Pappmaché, Lederpappe oder einem ähnlichen Material bestehen und wird verwendet, um das Aussehen von Musterschuhen, in Verkaufsräumen oder in Schaufensterauslagen zu verbessern.

GEFUCHST. Der untere Teil des Viertels besteht aus einem separaten Stück Leder oder ist mit einem zusätzlichen Stück bedeckt. „Slipper foxed" ist ein Begriff, der manchmal für Damen-Vollblattschuhe verwendet wird.

STOCKFLECKIG. Der Name bezieht sich auf den Teil des Obermaterials, der von der Sohle bis zu den Schnürsenkeln vorne und etwa bis zur Höhe der Arbeitsfläche hinten reicht; ist die Länge des Obermaterials. Es kann aus einem oder mehreren Teilen bestehen und wird oft kreisförmig bis zum Schaft zugeschnitten.

FRIZZING. Ein Prozess, dem Gämsen- und Waschleder unterzogen werden, nachdem die Häute enthaart, geschabt, „fleischig" gemacht und aufgezogen wurden. Es besteht darin, die Häute mit Bimsstein oder einem stumpfen Messer abzureiben, bis das Erscheinungsbild der Maserung vollständig entfernt ist.

VORDERSEITE. Ein Begriff, der für einen Teil einer Kongresszehe verwendet wird.

GAMASCHE. Ein Begriff, der üblicherweise für eine separate Knöchelabdeckung oder einen Kongressschuh verwendet wird.

EDELSTEINE. Der Betrieb der Herstellung von Einlegesohlen aus Edelsteinen.

EDELSTEIN-EINLEGESOHLEN. Eine Einlegesohle für rahmengenähte Schuhe aus Leder.

GLASIERTES KIND. Siehe Kind.

HANDSCHUHKORN. Ein leichtes, weich verarbeitetes Spaltleder, für Damen- oder Kinderschuhe oder als Belag.

ZIEGENLEDER. Siehe Kind.

GOODYEAR WELT. Ein Begriff, der den Vorgang bezeichnet, bei dem die Sohle mit einem schmalen Lederstreifen, dem sogenannten Keder, am Obermaterial eines Schuhs befestigt wird.

BLUT. Ein Gummigummi, der in einem Kongressschuh verwendet wird. Es wird auch auf das lange, keilförmige Lederstück aufgetragen, das in einem Obermaterial eingelassen ist, um es zu verbreitern.

BENOTUNG. Das Sortieren von Laufsohlen und Halbsohlen, um ein gleichmäßiges Gewicht an den Rändern fertiger Schuhe zu erreichen.

HALBE SOHLE. Die Hälfte einer kompletten Sohle wird im vorderen Teil der Unterseite unter der Außensohle verwendet.

GESCHIRR AUS LEDER. Ähnlich wie Gürtel und besteht aus Häuten, die schwerer als Kips sind.

HACKE. Hergestellt aus Leder- oder Holzschichten, sogenannte Hebevorrichtungen, und am hinteren Teil des Schuhs (Fersensitz) befestigt. Es gibt verschiedene Arten von Absätzen. Der French Heel ist ein extrem hoher Absatz mit geschwungener Kontur hinten und vorne (Brust). Manchmal besteht es aus mit Leder überzogenem Holz, mit dicker Sohlenlederschicht oder ganz aus Sohlenleder. Der kubanische Absatz ist ein hoher, gerader Absatz, ohne die Krümmung des französischen oder „Louis XV"-Absatzes. Der Militärabsatz ist ein gerader Absatz, der nicht so hoch ist wie der Kubaner. Ein Federabsatz ist ein niedriger Absatz, der dadurch entsteht, dass die Außenseite des Schuhs bis zur Ferse verlängert wird und zwischen der Außensohle und der Fersenleiste ein Slip eingefügt wird. Der Keilabsatz ähnelt in gewisser Weise einem Federabsatz, außer dass an der Außenseite anstelle eines Schlitzes ein keilförmiger Absatz angebracht ist. Beim Zuschlagen von Absätzen handelt es sich um den Vorgang, bei dem die konfektionierten Absätze in einem Arbeitsgang mit der Maschine befestigt werden.

FERSENVEREDELUNG. Schwärzen und Polieren der Fersenkante.

FERSENFUTTER. Das Futter zum Abdecken der Fersennägel im Schuh; es ist oft unter anderen Namen bekannt.

FERSENPOLSTER. Bei der Herstellung von Schuhen handelt es sich um ein kleines Stück Filz, Leder oder eine andere Substanz, das an der Stelle, auf der die Ferse aufliegt, an der Innensohle befestigt wird und diese über die gesamte Breite abdeckt. Ein Fersenpolster wird manchmal auch Fersenpolster genannt.

FERSENREINIGUNG. Schleifen Sie die Kante der Ferse ab, mit Ausnahme des Vorder- oder Brustbereichs.

FERSENSITZ. Der Teil der Sohle, an dem die Ferse befestigt ist.

NAGELN DES FERSENSITZES. Den Fersenteil der Sohle festnageln.

FERSENSITZBESATZ. Beschneiden des hinteren oder Fersenteils der Sohle.

FERSENRASUR. Die Ferse rasieren, formen.

HEMLOCK GEGERBT. Ein Verfahren zum Gerben von Leder mit Hemlock-Rinde.

VERSTECKT. Im Handel von Fellen zu unterscheiden. Unter Häuten versteht man Häute von Tieren, die über 25 Pfund wiegen. Mit Häuten sind kleinere Tiere gemeint; B. Häute von Ziegen, Kälbern, Schafen.

INLAY. Ein Besatz des Obermaterials durch Einsetzen desselben oder eines anderen Materials als der Körper, in den es eingelegt ist. Es wird zu dekorativen Zwecken an einem Schuh verwendet.

INNENNAHT . Sohle an Turnschuh annähen. Keder und Innennaht sind praktisch der gleiche Vorgang.

INNENNAHTBESATZ. Überschüssiges Leder abschneiden; Der Begriff wird auch für das Ziehen von Sohlennägeln verwendet.

EINLEGESOHLE. Die erste Sohle wird auf die letzte gelegt und ist die Grundlage aller Schuhe mit Einlegesohlen. Es ist ein wichtiger, wenn auch unsichtbarer Teil eines Schuhs. Diese Innensohle ist der Teil, an den bei den McKay- und Rahmenschuhen das Obermaterial und die Außensohle genäht oder genagelt werden.

INSPIZIEREN. Die Untersuchung von Schuhen, um sicherzustellen, dass die Arbeit perfekt ist; es wird manchmal Krönung genannt.

EINLEGESOHLE PRÜFEN. Der Vorgang, bei dem im Inneren des Schuhs nach Reißnägeln gesucht wird.

SPANN. Die Oberseite des Fußgewölbes.

EISEN. Ein Begriff, der die Dicke des Sohlenleders angibt; Jede Einheit ist etwa 2,5 cm dick.

OBERTEILE BÜGELN. Falten aus dem Obermaterial entfernen und mit einem heißen Bügeleisen glätten.

JULIETTE. Ein Hausschuh für Frauen, der vorne und hinten etwas oberhalb des Knöchels und an den Seiten ausgeschnitten ist, wird Juliette genannt.

KÄNGURU. Die Haut des gleichnamigen Tieres, die ein prächtiges Leder von fester Textur ergibt. Es ist ziemlich teuer, daher sind Ersatzstoffe unter demselben Namen auf dem Markt.

KIND. Ein Begriff für Schuhleder, das aus den Häuten ausgewachsener Ziegen hergestellt wird.

PENNEN. Ein Begriff für Leder aus Häuten mit einem Gewicht zwischen 15 und 25 Pfund.

SPITZENAUFENTHALT. Ein Lederstreifen verstärkt die Ösenlöcher.

SPITZENHAKEN. Eine Öse, die in einen gebogenen Haken übergeht, um den die Spitze geschlungen ist. Es wird am häufigsten in Herren- und Jungenschuhen verwendet, obwohl in letzter Zeit einige für die Verwendung in Damenschuhen mit gebogenen Enden erfunden wurden, um ein Hängenbleiben am Kleid zu vermeiden.

SCHNÜRUNG. Der Vorgang, Schnürsenkel in Schuhe zu stecken.

ZULETZT. Eine Holzform, auf der der Schuh aufgebaut ist und die dem Schuh seine unverwechselbare Form verleiht.

DAUERHAFT. Der Prozess, bei dem das Obermaterial in jeder Hinsicht dem Leisten angepasst wird. Die Vorgänge des Zusammenbauens und Überziehens sind Bestandteile des Zwickens.

KANAL VERLEGEN. Klappen Sie den Rand oder die Lasche nach unten, um die Nähte abzudecken.

NIVELLIERUNG. Formung der Sohle bis zur Unterseite des Leistens.

AUFZUG. Die Bezeichnung für eine bestimmte Dicke des Sohlenleders, das im Absatz verwendet wird. Beim Top-Lift handelt es sich um das Bottom-Lift, wenn der Schuh mit der richtigen Seite nach oben zeigt, und ist das letzte Teil, das bei der Herstellung angelegt wird.

BESCHICHTUNG. Der innere Teil des Schuhs, im Allgemeinen aus Stoff (stumpf) oder Schaffell.

FUTTERSCHNEIDEN. Der Vorgang des Schneidens der Stoffauskleidungen.

EINKLEIDEN. Der Vorgang, bei dem Futter in den Schuh eingebracht wird, um die Innensohle oder einen Teil davon abzudecken.

LEDER WIRD GELADEN. Füllen der Poren des Leders mit Glukose, um das Gewicht zu erhöhen.

AUSKLEIDUNGEN HERSTELLEN. Besteht aus einer verschließbaren Ferse mit Futter; Anbringen von Ober- und Seiten- oder Ösenstreben.

ÜBEREINSTIMMUNGSMARKIERUNG. Eine Operation, die an farbigen Obermaterialien außer Schwarz durchgeführt wird, um verschiedenen Teilen des Obermaterials den gleichen Farbton und die gleiche Farbe zu verleihen und beide Schuhe im Paar gleich zu machen.

MATTE. Ein Begriff, der auf ein stumpfes Finish im Unterschied zu glasiertem Finish angewendet wird.

MCKAY GENÄHT ODER MCKAY. Ein Schuh, bei dem die Außensohle durch eine nach dem Erfinder benannte Methode an der Innensohle und dem Obermaterial befestigt wird.

MCKAY SEWING. Durch und durch nähen, sodass der Faden im Inneren des Schuhs sichtbar ist.

MITTELSOHLE. Jede Sohle zwischen Außensohle und Innensohle.

SCHEINWELT. Von McKay genähter Schuh mit doppelter Sohle und Lederdecksohle. Es ist fair genäht, um einen Rahmen zu imitieren.

AFFENHAUT. Eine besonders genarbte Haut, die im Handel als Edelleder gilt. Es wird oft nachgeahmt.

MAROKKO. Ein Name für Leder, das ursprünglich in Marokko hergestellt wurde. Es handelt sich um ein mit Sumach gegerbtes Ziegenleder mit roter Farbe, das zum Buchbinden verwendet wird. Der Name wird auch auf ein nachgebildetes Leder und auf schwere, dicke Ziegenhäute für Schuhe angewendet.

FORMEN. Die Sohle so formen, dass sie an die Unterseite des Leistens passt.

PANTOLETTEN. Der Name gilt für Hausschuhe ohne Theken oder Viertel.

NICKERCHEN. Die wollige Seite von Fell, Stoff oder Filz.

NAUMKEAGING . Den Boden mit feinem Schleifpapier glätten. Manchmal das Polierkorn.

NULLIFIER. Ein Schuh mit hohem Schaft und Schaft, der an den Seiten tief ausfällt und mit einer kurzen Gummisohle für den Sommer- oder Hausgebrauch hergestellt ist.

EICHE GEGERBT. Ein Gerbverfahren mit einem aus Eichenrinde gewonnenen Stoff.

ÖLLEDER. Leder, das durch Einlegen von Häuten in Öl hergestellt wird. Die Häute sind feucht, damit die öligen Bestandteile allmählich und gründlich aufgenommen werden können.

SCHLAMM. Ein chrombraunes Kalbsleder, das auf der Fleischseite so behandelt wurde, dass die langen Fasern gelockert werden und eine Floroberfläche bilden; in vielen Farben hergestellt.

AUSSENSCHNEIDEN. Schneiden der Lederteile des Schuhs, wie Blatt, Spitze, Oberteil usw.

AUSSENHAHN. Der Hahn wird außerhalb schwerer Herren- oder Jungenschuhe verwendet.

AUSSENSOHLE. Die Sohle grenzt an den Boden, auf dem jegliche Abnutzung stattfindet.

Querschnitt eines von McKay genähten Schuhs.

Querschnitt eines Goodyear Welt-Schuhs.

OXFORD. Ein niedrig geschnittener Schuh, der nicht höher als der Spann, der Knopf oder der Keil ist und in Herren-, Damen- und Kindergrößen erhältlich ist.

PACKER VERSTECKT SICH. In den großen Schlachthöfen werden Häute abgenommen. Sie werden im Preis etwas höher bewertet, da beim Abnehmen große Sorgfalt und Geschicklichkeit zum Einsatz kommen.

VERPACKUNG. Ein Paar Schuhe in einen Karton legen.

PACS . Überzüge für die Füße aus hochwertigem Kalbsleder, ähnlich in Form und Aussehen dem indischen Mokassin. Sie haben keine Sohle aus Leder. Bei richtiger Herstellung sind sie wasserdicht.

PFANNKUCHEN. Ein Begriff, der sich auf eines der vielen Kunstleder bezieht, die aus Lederresten bestehen, dünn gehobelt und unter starkem Druck zusammengeklebt werden.

EINGEFÜGTER ZÄHLER. Eines, das aus zwei zusammengeklebten Stücken Sohlenleder geschnitten ist. Es wird manchmal als zweiteilige Theke bezeichnet.

LACKLEDER. Lackiertes Leder.

MUSTER. Das Modell, nach dem die Teile, aus denen das Obermaterial eines Schuhs besteht, geschnitten und gemeinsam auf das Obermaterial

angewendet werden, wobei es durch die unterschiedliche Form dieser Teile
verändert wird.

KIESELSTEIN. Ein Begriff, der bei diesem Verfahren verwendet wird, um
die Narbung des Leders hervorzuheben und ihm ein aufgerautes oder
geriebenes Aussehen zu verleihen.

PEGGING. Dauersohlen mit Zapfen.

PERFORIEREN. Sehr kleine Löcher rund um Teile des Obermaterials
machen. Es wird hauptsächlich zur Dekoration durchgeführt.

POLIEREN. Der Name eines Damen- oder Damen-Schnürschuhs mit
höherem Schnitt als „ bal ", benannt nach Polen, wo er seinen Ursprung hat.

DRÜCKEN. Besteht aus einem Flachpressdruck für Absätze und Sohlen,
um Risse an den Kanten zu verhindern und die Haftung der Teile zu
gewährleisten.

TÜMMLER. Diese Haut wird manchmal für Leder und Schnürsenkel
verwendet, Schweinswalhäute werden jedoch normalerweise vom Weißwal
gewonnen.

LEISTEN ZIEHEN. Entfernen der Leisten von Schuhen.

ÜBERZIEHEN. Obermaterial am Leisten ziehen und festheften.

PUMPE. Ein niedrig geschnittener Schuh, der ursprünglich keine
Verschlüsse wie Schnürsenkel oder Knöpfe hatte. Ein Pump ist tiefer als der
Spann geschnitten.

PUMPSOHLE. Eine extraleichte Einzelsohle, die bis zur Fersenrückseite
durchgehend verläuft. Eine Pumpsohle zeichnete sich früher durch ihre
Flexibilität aus und wurde von Hand gedreht.

AUF DEN HAHN SETZEN. Kleben Sie die Halbsohle auf die Außensohle.

QUARTAL. Der hintere Teil des Obermaterials, wenn kein Vollblatt
verwendet wird. Der Begriff wird hauptsächlich bei Damen- und Oxford-
Schuhen oder Halbschuhen verwendet.

RAND. Hergestellt aus Sohlenleder, etwa so breit wie ein Rahmen, aber an
einer Kante dünn. Es wird an der Ferse befestigt, um die Ferse gleichmäßig
auf der Sohle auszubalancieren und alle offenen Räume am Rand zwischen
Sohle und Ferse auszufüllen.

SCHNELLES NÄHEN. Die Sohle an den Rahmen nähen.

NACHHALTIG . Besteht darin, Leisten in Schuhe einzubauen, von denen die Originalleisten entfernt wurden.

REPARIEREN. Ein Begriff, der zum Füllen leichter Risse in Lackspitzen oder Lackleder verwendet wird.

ROAN. Mit Sumach gegerbtes Schaffell. Der Prozess ähnelt in seinen Details dem für Marokko- Leder verwendeten, es fehlt jedoch die Körnung, die dem Marokko durch die gerillten Walzen bei der Endbearbeitung verliehen wird. Es imitiert ungemasertes Marokko .

ROLLEN. Der Prozess, bei dem Leder zwischen Rollen geführt wird, um es fest und hart zu machen. Beim Rollen wird der Boden auf Rolle und Bürste poliert.

GROBE RUNDUNG. Abgerundete Außensohle zur Form des Leistens und Schnittkanal in den rahmengenähten Schuhen.

LIZENZGEBÜHREN. Beträge, die für die Nutzung von Maschinen an Maschinenunternehmen gezahlt werden.

ROTBRAUNES KALB. Rotbraunes Kalbsleder wird aus Kalbsleder hergestellt.

ROTBRAUNES KORN. Die rostrote Narbung wird aus gespaltenem Rindsleder hergestellt.

SABOT. Der Name eines einteiligen Holzschuhs, der aus einem Block Lindenholz geschnitzt wurde. Eine Neuheit für Amerikaner, wird aber von Menschen in den ländlichen und produzierenden Gebieten Hollands, Deutschlands und Frankreichs getragen.

SACKFUTTER. Das Futter im Schuh und in der Innensohle.

SANDALE. Der Name eines Riemenpantoffels einer Frau oder einer Sohle, die von Kindern getragen wird. Ursprünglich mit Riemen am Fuß befestigt.

SATIN-KALB. Ein Kornspalt, mit Öl gefüllt und glatt geschliffen.

SCHEUERNDE BRUST. Den vorderen Teil der Ferse schleifen.

VERSCHRAUBT. Ein Schuh, dessen Sohle mit Schrauben befestigt ist, wie bei Billig- oder Arbeitsschuhen.

SIEGELKORN. In der Regel handelt es sich um einen Fleischspalt mit einer künstlichen Narbung, die auf das fertige Leder aufgeprägt oder aufgedruckt wird.

ZWEITDAUERND. Das Gleiche wie nachwirken . Begriff, der am häufigsten in der Arbeit verwendet wird.

SCHAFT. Die mittlere Position der Unterseite des Fußes. Schaftstützen werden in die Schuhe eingesetzt, um diesen Teil des Bodens zu versteifen. Sie bestehen aus Stahl, Holz oder einer Kombination aus Lederplatte und Stahl und können jederzeit vor dem Einlegen der Außensohle in den Schuh eingesetzt werden.

SCHAFT BRÜNIEREN. Polieren eines schwarzen Schafts mit heißem Eisen.

SCHAFTBEARBEITUNG. Veredelung des Schaftes durch Schwärzen oder in Farbe. Der Oberlift wird in der Regel gleichzeitig fertiggestellt.

SICH AUSTOBEN. Bedeutet, die Kante des Schafts dünner als den anderen Teil der Sohle zu machen und ihn glatter zu machen.

SCHAFFELLE. Wird hauptsächlich für Futter und für billige Damen- und Kinderschuhe verwendet. Es ist zu weich und hat eine zu schwache Textur für starke Beanspruchung und neigt dazu, zu splittern und zu reißen.

KURZER VAMP. Ein verkürzter Vampir. Der Abstand zwischen der äußersten Spitze und der Kehle des Vampirs wurde für den Anschein verkürzt.

SEITEN. Leder aus Häuten, die auf der Rückseite in zwei Seiten gespalten sind.

SEITLICH HALTBAR. Hält nur an der Seite des Schuhs.

GRÖßE. Schuhe werden nach Länge und Breite gemessen. Die Länge wird durch Zahlen und die Breite durch Buchstaben ausgedrückt.

SKINS. Ein Begriff, der die Hautbedeckung kleiner Tiere wie Ziegen bezeichnet.

SOCKELLEISTE. Die äußeren Teile aus Leder (Haut), wie Unterschenkel, Bäuche, Hälse usw.

SCHÄLEN. Die Sohle in allen Teilen gleich dick machen. Unter Schälen versteht man das Schneiden oder Schaben bis auf eine dünne Kante. Dieser Vorgang kann in der Zuschnittabteilung oder der Heftabteilung durchgeführt werden.

UNTERHOSE. Der Name wird auf Federabsätze oder Sohlen angewendet. Slip ist ein dünnes Stück Sohlenleder, das über der Außensohle eingesetzt wird.

SCHLAGEN. Treibende Schnecken in den Fersen, ganz oder teilweise.

SOCKENFUTTER. Das Futter für die Einlegesohle im Inneren des Schuhs.

WEICHE SPITZE. Ein Begriff, der auf einen Schuh angewendet wird, bei dem unter der Spitze keine Box verwendet wird.

SOHLEN UND SOHLENLEDER. Bezeichnung für Lederstücke unterschiedlicher Dicke auf der Unterseite eines Schuhs, meist aus schweren Lederhäuten. Es gibt viele Arten von Sohlen: Eine „Full-Double"-Sohle besteht aus zwei Lederstärken, die bis zur Ferse reichen; „Half-Double"-Sohle ist eine vollständige Außensohle mit Gleitschutz, der bis zum Schaft reicht; Einzelsohle ist selbstdefinierend; „Tap" ist eine Halbsohle .

SOHLENVERLEGUNG. Beim Sohlenlegen handelt es sich um den Vorgang des Verlegens der Laufsohle.

SORTIERUNG. Der Prozess des Auswählens und Sortierens von Sohlen, damit diese in verschiedenen Qualitäten angeboten werden können.

SPUCKEN. Vorrätige Schuhe sind manchmal mit einer grauweißen, pudrigen Substanz überzogen, die wie Schimmel aussieht. Diese Bildung auf nicht vollständig abgelagertem Leder wird als Spucken bezeichnet, die Ablagerung als Ausblühen. Es lässt sich leicht abwischen und weist nicht auf einen schwerwiegenden Defekt oder ein Problem mit dem Leder hin. Es handelt sich nicht um Schimmel oder Wachstum, sondern offenbar um eine Ausscheidung von Materialien, die beim Gerben verwendet werden.

SPALTT. Ein Name für Spaltleder, also zwei oder mehr Teile der Haut.

FRÜHLINGSABSATZ. Besteht aus einer oder mehreren Erhöhungen zwischen der Außensohle und dem Obermaterial. Man sieht ihn vor allem bei Kinderschuhen und wird oft als Keilabsatz bezeichnet. Es kann statt unter der Laufsohle auch außen angebracht werden.

STEMPELN. Der Vorgang des Anbringens von Größe und Weite an der Innenseite des Schuhs. Teile des Obermaterials werden oft gestempelt oder markiert, damit das Ganze in der Näherei richtig zusammengefügt werden kann.

BLEIBEN. Die Bezeichnung für jedes Stück Leder, das in das Obermaterial eingearbeitet wird, um es zu verstärken oder eine Naht zu verstärken.

STEMPELN VON BÖDEN. Der Vorgang des Stempelns des Namens auf der Unterseite. Es wird häufig in Endbearbeitungsräumen durchgeführt.

STEMPELKARTON. Anbringen von Größe, Breite und anderen Markierungen auf dem Karton.

STEMPELGRÖßEN. Größenangabe im Fersenbereich der Sohle.

STANDARDBEFESTIGUNG. Nageln des Bodens auf einer Standard-Schraubmaschine.

BLEIBEN. Anlegen einer Strebe, in der Regel Fersenstrebe.

STICHTRENNUNG. Markierung zwischen den Stichen, damit sie gut zur Geltung kommen.

NÄHEN. Ein Begriff für einen flexiblen Schuh, der in der Armee verwendet wird und bei dem die Oberseite nach außen statt nach unten gedreht und durch die Sohle genäht ist.

HOCHGENÄHT. Ein Begriff, der angibt, dass die Nähstiche auf der Unterseite sichtbar sind. Bei dieser Sohle ist kein Kanal erforderlich. Möglicherweise handelt es sich um eine leichte Rille. Beim Nähen wird der Schuh von unten nach oben gehalten, daher der Name „hochgenäht".

GERADE ZULETZT. Einer, der weder rechts noch links ist, und ein Schuh, der über einem solchen Leisten gefertigt ist, kann an beiden Füßen getragen werden. Dieser Begriff wird manchmal für rechte und linke Schuhe verwendet, die einen kaum wahrnehmbaren Außenschwung haben.

STRIPPEN. Besteht aus dem Schneiden in Streifen, die breit genug sind, um alle Sohlen gleicher Länge zu schneiden.

WILDLEDER. Ein Handelsbegriff für Ziegenfelle, die auf der Fleischseite bearbeitet sind.

SCHWINGEN. Ein Begriff, der auf die Krümmung der Außenkante einer Sohle angewendet wird.

ANHEFTEN. Besteht darin, die Außensohle auf die Leistenschuhe von McKay zu legen.

HEFTZWECKE HERAUSZIEHEN UND HERAUSSCHNEIDEN. Besteht aus der Vorbereitung des Bodens für die Kedernaht. Es macht es auch besser für die Operation.

TAMPICO. Eine Vielzahl von Ziegenfellen aus der Provinz Tampico, Mittelamerika.

KLOPFEN. Die Hälfte einer kompletten Sohle, bei Verwendung unter der Außensohle oft Halbsohle genannt .

BRÄUNEN. Tan ist eine Art bräunliches Leder.

BRÄUNEN. Beim Gerben handelt es sich um die Umwandlung von Häuten oder Fellen in Leder.

TIPPEN SIE AUF TRIMMEN. Den Hahn so formen, dass er sich der Sohle anpasst.

TAWING. Bei der Herstellung von Leder werden Häute in einer Lösung aus Salz und Alaun eingeweicht oder mit trockenem Salz und Alaunpulver verdichtet. Wird zur Herstellung von Fellen und Fellen verwendet.

TEMPERIEREN. Der Vorgang, bei dem das Leder mit Wasser benetzt wird, um die Härte zu beseitigen und das Leder „mulg" zu machen, damit es leichter bearbeitet werden kann.

TIPP. Das Vorderteil, das an das Vorderblatt und an dessen Außenseite angenäht ist. Die Schaftspitze ist eine Spitze aus dem gleichen Material wie das Blatt. Bei der Lackspitze handelt es sich um eine Lacklederspitze. Unter Diamantspitze versteht man die Form, die bis zu einer Spitze zurückreicht. Bei der Imitation einer Spitzennaht auf dem Oberleder handelt es sich um eine Imitation einer Spitze.

SPITZENSCHNEIDEN. Schneiden Sie die Spitze ab, die auf die Spitze des Vorderblatts passt.

ZEHEN- UND FERSENHALT. Strapazierfähige Ferse und Zehen.

ZEHENSTÜCK. Ein Stück, das am abgeschnittenen Blatt befestigt wird, um es zu verlängern.

ZUNGE. Ein schmaler Lederstreifen ist bei allen Schnürschuhen notwendig.

SPITZE. Der Teil des Obermaterials über dem Blatt; Schuhspitze.

TOP-SCHNITT. Nur die Oberseite abschneiden.

NACH OBEN GERICHTET. Der Leder- oder Stoffstreifen um die Oberseite des Schuhs an der Innenseite wird als oberer Besatz bezeichnet. Es veredelt das Futter und wird manchmal verwendet, um den Namen des Herstellers durch eingewebte oder aufgenähte Buchstaben zu bewerben.

OBERLIFT. Der Aufzug befindet sich neben dem Boden.

TOP-LIFT-SCHEUERN. Schleifen Sie den oberen Absatz der Ferse ab, um ihn glatt zu machen.

OBERE NÄHTE. Besteht aus Nähten oben und unten an der Seite.

BAUMBILDUNG. Den Schuh formen, ihn glatt machen. Erzielt den gleichen Effekt wie Bügeln, allerdings wird kein heißes Bügeleisen verwendet. Es macht das Obermaterial praller und verleiht ihm ein gutes Finish und „Gefühl".

TRIMMEN SCHNEIDEN. Schneiden von Streben, Besätzen und anderen kleinen Teilen des Obermaterials.

VAMP TRIMMEN. Hängenden oder überschüssigen Faden abschneiden.

DREHEN. Um den Schuh mit der rechten Seite nach außen zu drehen. Auch die obere rechte Seite nach außen drehen.

UMGEDREHTER SCHUH. Ein feiner Damenschuh, der mit der falschen Seite nach außen gefertigt und dann mit der rechten Seite nach außen gedreht wird. Dieser Vorgang erfordert die Verwendung einer dünnen, flexiblen Sohle von guter Qualität. Die Sohle wird am Leisten befestigt, der Schaft wird mit der falschen Seite nach außen darüber gezwickt, dann werden die beiden zusammengenäht, wobei der Faden durch einen in die Sohlenkante geschnittenen Kanal eingefädelt wird. Die Naht reicht nicht bis zur Unterseite der Sohle, wo sie den Fuß innen scheuern würde.

OBERER, HÖHER. Ein Begriff, der zusammenfassend für die oberen Teile eines Schuhs verwendet wird.

UNGEKÖRNT. Glatte Oberfläche.

VAMP. Der untere oder vordere Teil des Obermaterials eines Schuhs. Es ist das wichtigste Stück des Obermaterials und sollte aus dem stärksten und saubersten Teil der Haut geschnitten werden. „Cut-off"-Vamp ist ein Blatt, das nur bis zur Spitze reicht, anstatt bis zur Spitze fortgeführt zu werden und mit der Spitze darunter zu bleiben. Das gesamte Vorderblatt reicht ohne Naht bis zur Ferse.

VAMPIR. Das Vorderblatt nach oben nähen.

VAMPIRSCHNEIDEN. Blattschneiden mit oder ohne Spitze.

VELOURS. Ein Finish für Kalbsleder. Es ist die französische Bezeichnung für Samt und wird im Schuhhandel für ein chromgegerbtes Lackleder aus Kalbsleder verwendet. Es handelt sich um ein ausgezeichnetes Leder mit einer glatten und samtigen Oberfläche.

PERGAMENT. Ein Name für Häute, die zu verschiedenen Pergamentarten verarbeitet werden.

FURNIEREN. Besteht darin, Sohlen ganz oder teilweise schwerer zu machen, indem Lederplatten oder andere Materialien mit Klebstoff an der Sohle befestigt werden.

VESTING. Ein Material, das ursprünglich für die Herstellung von Westen entwickelt wurde. Es wird in Schuhen verwendet und besteht aus einem figurbetonten Gewebe mit einer Unterlage aus steifem Buckram oder gummibehandeltem Gewebe zur Verstärkung.

VISKOLISIEREN . Eine patentierte Methode zur Imprägnierung von Sohlenleder durch die Verwendung teilweise emulgierter Öle mit wasserabweisender Wirkung. Viskolisierte Sohlen werden in Jagd- und Sportstiefeln verwendet.

VICI. Ein patentierter Handelsname für eine Marke aus chromgegerbtem Ziegenleder.

LEDER WASCHEN. Eine minderwertige Gämsenqualität.

QUADDEL. Ein schmaler Lederstreifen, der mit einer Innensohle an das Obermaterial eines Schuhs genäht wird, wobei der Rand des Rahmens nach außen ragt, so dass die Außensohle durch Nähen durch Rahmen und Außensohle an der Außenseite des Schuhs befestigt werden kann. Die Verbindung von Sohle und Schaft erfordert also zwei Nähte , zuerst die Innensohle, den Rahmen und den Schaft, dann die Außensohle am Rahmen. Der Name wird bei dieser Herstellung auf den Schuh selbst aufgebracht, um ihn von einem gedrechselten oder McKay-genähten Schuh zu unterscheiden. Dies ist die Methode, die Schuster bei der Herstellung handgenähter Schuhe anwenden, um Sohle und Schaft miteinander zu verbinden. Bei Goodyear Keder handelt es sich um einen Keder, bei dem das Nähen von einer Maschine erfolgt, die nach dem Erfinder benannt ist. Es gibt nur sehr wenige handrahmengenähte Schuhe.

WELT SCHLAGEN. Das Abflachen des Keders macht ihn glatt.

WELTING. Den Rahmen an den Schuh nähen.

WEIßER ALAUN. Gebleichtes Leder mit weißem Alaun.

HOLZKISTE. Große Box für zwölf oder mehr Paare.

KAPITEL ZEHN
HERSTELLUNG VON LEDERPRODUKTEN

Die Verwendung von Handschuhen ist so alt, dass in den Behausungen der Höhlenbewohner Relikte davon gefunden wurden. Die Römer nutzten sie als dekorative Kleidungsstücke und die Griechen zum Schutz der Hände bei schwerer Arbeit.

Die Handschuhe der Damen und Herren in den Tagen von Königin Elizabeth und davor und danach waren in der Handarbeit und den Verzierungen am schönsten, aber sie waren normalerweise formlose Dinge, und in diesen Tagen würde niemand sie tragen; Sie sind nicht mit dem eleganten Stil und der künstlerischen Verarbeitung des modernen Produkts zu vergleichen.

Als die soziale Welt sozusagen in der Zahl ihrer Mitglieder eingeschränkt war, die sich einen Teil des Luxus des Lebens leisten konnten, war die Verwendung des Handschuhs weitgehend auf Könige, Adlige und Wohlhabende beschränkt. Und da der Handel nicht sehr umfangreich war, waren die Preise hoch – hinzu kamen noch dekorative Ausarbeitungen in der Handarbeit, damit der Hersteller und seine Mitarbeiter dem Endkäufer so viel Geld wie möglich entlocken konnten. Auch wenn die Herstellung von Handschuhen heute zu den Grundpfeilern der modernen Fertigung gehört, unterliegen sie aufgrund der Lust auf Neues und neue Moden einem ständigen Stilwandel.

Die Herstellung von Handschuhen aus Leder in rauer, roher Form wurde in diesem Land bereits 1760 im Staat New York in sehr begrenztem Umfang betrieben, und zwar von Handschuhmachern, die aus Schottland angereist waren, um sich mit den Stipendien von Sir William Johnson in Fulton niederzulassen Bezirk . Aber es gab keinen allgemeinen Markt für das Haushaltsprodukt, bis man 1825 in Albany eines fand. Diese frühen Handschuhe, grob und unhandlich, wurden mit einer Schere aus Leder anhand von Pappmustern geschnitten, wobei Männer das Schneiden und Frauen das Nähen übernahmen. Später wurden Stempel eingeführt, was zu einer deutlichen Verbesserung des Charakters der Ausgabe führte.

Ein noch größerer Fortschritt gelang jedoch mit der Einführung der Nähmaschine im Jahr 1852. Damit wurde die Handarbeit vollständig abgeschafft, die Industrie blieb jedoch weitgehend häuslicher Natur, da sie sowohl zu Hause mit einer Maschine als auch in einer Fabrik betrieben werden konnte . Später wurde in Fabriken Dampfkraft installiert, um die Maschinen anzutreiben. Das Zuschneiden der Handschuhe und das Nähen auf der Rückseite erfolgten, bevor die Handschuhe zur Fertigstellung in den Häusern der Arbeiter verschickt wurden.

Wie bei allem, wo heutzutage Handarbeit durch Kraft ersetzt werden kann, haben auch die Methoden der Handschuhherstellung einen großen Wandel erfahren. Das Behandeln von Häuten in einer großen, drei Fuß tiefen Wanne zum vollständigen Färben und Scheuern in Räumen mit hoher Temperatur wurde durch das Einlegen von Häuten und Farben in einen würfelförmigen Kasten ersetzt, der durch unregelmäßige Drehung das Gleiche bewirkt Ergebnisse schneller als auf dem primitiven Weg. Wenn die Farbe jedoch nur auf einer Seite aufgetragen werden soll, ist der Vorgang derselbe wie früher : die Verwendung eines Pinsels von Hand, während die Haut auf einer Platte ausgestreckt wird.

Wenn sie aus dem Vorrat entnommen werden, um sie zu Handschuhen zu verarbeiten, „füttern" einige Handschuhmacher die Felle zunächst mit Eiern – nicht mit Eiern von verdächtiger Qualität, aber gut genug für den Tischgebrauch. Und von diesen wird nichts außer dem Eigelb verwendet. Ein Handschuhmacher importiert für seine Arbeit große Mengen Eigelb von Enteneiern aus China, und sein jährlicher Eigelbverbrauch beläuft sich auf siebzehntausend.

Wenn die Felle die Färberei verlassen, werden sie in dampfbeheizten Dachböden schnell getrocknet; und während sie steif und rau sind, werden oder wurden sie über einem aufrechten Holzständer, einem sogenannten Pfahl, weich und glatt verarbeitet, an dessen Spitze ein stumpfes halbrundes Messer angebracht ist. Darüber wird die Haut von Hand hin und her gezogen, bis sie geschmeidig und zart wie Seide wird. Wenn diese Arbeit manuell erledigt wurde, war sie am aufwändigsten. Mittlerweile wurde es jedoch größtenteils von sehr ausgeklügelten Maschinen übernommen, die im Betrieb so aussehen, als würde sie eine Haut in Stücke reißen, indem sie schnappen und daran ziehen, die aber auf eine so feine Wirkungsweise und Kraft einstellbar sind, dass dies der Fall ist Die Arbeit wird genau so ausgeführt, wie sie gewünscht ist.

Der nächste Arbeitsgang besteht darin, die Häute auf eine gleichmäßige Dicke zuzuschneiden. Auch dies war lange Zeit Handarbeit und wurde mit einem besonders geformten Messer durchgeführt, doch jetzt verwenden die Arbeiter mit Schmirgel überzogene Räder mit abgerundeten Kanten, die mit ihrer Hilfe genauso gute und viel schnellere Arbeiten beim Zeichnen und Zeichnen erledigen Ausdünnen der Häute mit absoluter Präzision. Damit ist die Behandlung der Haut abgeschlossen.

Jetzt beginnt die Funktion des Schneiders, und er muss ein erfahrener und urteilsfähiger Arbeiter sein, der mit der unbeständigen Unelastizität der Haut zu kämpfen hat und sie auf einen gleichmäßigen Widerstand reduziert. Er muss aus jeder Haut so viele handschuhgroße Stücke herausnehmen und die Stücke an bestimmte Merkmale der Haut anpassen. Als er mit der Haut fertig war, blieben wohl nur unbedeutende Streifen und Fetzen übrig, die nutzlos waren. Die Form des Handschuhs, den eine Frau über ihre Hand zieht, hängt ganz von der Intelligenz und dem Können des Schneiders ab. In amerikanischen Fabriken stammt der Zuschneider normalerweise aus einem Handschuhherstellungszentrum in Europa und aus einer Familie, die sich seit Jahrhunderten mit der Herstellung von Handschuhen beschäftigt.

Anschließend schneidet ein Stanzer diese Handschuhteile in Form, formt und teilt die Finger, schlitzt die Knopflöcher auf, stellt Seitenteile für Finger und Daumen sowie Fragmente zur Verstärkung der Knopflöcher bereit. Das Nähen, früher die Handarbeit von Frauen, wird heute auf Maschinen ausgeführt, die eine außergewöhnlich hohe Qualität komplizierter Nähte ermöglichen. Die Anzahl der hergestellten Handschuhgrößen reicht aus, um jeden wahrscheinlichen Bedarf zu decken. Wenn sie genäht und mit Knöpfen oder Verschlüssen versehen sind, unterliegen sie dem kritischen Auge eines Inspektors, der sie auf Fehler untersucht. Dann werden sie schließlich auf einer heißen Metallhand geformt, geglättet, gebändert, verpackt und zum Versand in den Verkaufsraum geschickt.

Der erste und vierte Finger eines Handschuhs werden durch Zwickel oder Streifen vervollständigt, die nur auf der Innenseite angenäht sind; aber der zweite und dritte Finger benötigen Zwickel auf beiden Seiten, um die Finger zu vervollständigen. Zusätzlich werden kleine, rautenförmige Stücke an den Fingerwurzeln eingenäht. Beim Einnähen der Daumenstücke ist besondere Vorsicht geboten, da schlecht verarbeitete Handschuhe an dieser Stelle meist nachgeben.

Handschuhe mit Naturfutter sind mittlerweile weit verbreitet, obwohl sie noch vor nicht allzu langer Zeit als unpraktisch galten. Diese werden aus Fellen verschiedener Tiere hergestellt, wobei die Haare auf der Haut verbleiben und das Futter bilden.

AUTOMOBIL- UND MÖBELLEDER

Für Auto- und Möbelleder sollten nur ausgesuchte Häute verwendet werden. Die für diese Lederart im Allgemeinen verwendeten Häute sind französische und schweizerische Häute, da diese am Bauch satt und prall verlaufen, keine Schnitte im Fleisch aufweisen und eine deutliche Maserung aufweisen. Die Häute werden vor dem Einlegen in die Einweichgruben beschnitten, wobei alle unbrauchbaren Teile wie Nase, Schenkel usw. weggeschnitten werden.

Nachdem die Häute ein oder zwei Tage im Einweichbad verblieben sind, werden sie herausgeholt, entfleischt und zur gründlichen Weichmachung wieder in das Einweichbad gegeben. Wenn sie gründlich durchnässt sind, werden sie umgedreht und in die erste Limette eingewickelt. Der erste Kalk muss ein schwacher, milder Kalk sein, sonst zeigt sich nach dem Gerben des Leders eine harte Maserung. Die Häute werden sieben Tage lang täglich in stärkere Linden eingewickelt, bis sie zum Enthaaren bereit sind. Nachdem die Häute aus den Limetten geholt wurden, sollten sie in eine Grube mit weichem Wasser gegeben werden, das auf etwa neunzig Grad Fahrenheit erhitzt ist, und dort über Nacht stehen gelassen werden, bevor mit dem Enthaaren begonnen wird. Nach dem Enthaaren werden sie in einen Bottich mit sauberem Wasser geworfen und gründlich am Korn bearbeitet, um kurze Haare und Krusten zu entfernen, und sind dann zum Beizen bereit. Eines, das eine geringe bakterielle Wirkung hat, ist einem Säurebad vorzuziehen. Nach dem Beizen werden die Häute auf der Maserung gut abgerieben und sind dann für die Gerbflüssigkeiten bereit.

Die Liköre bestehen aus Hemlocktanne und Eiche und werden zu Beginn nur sehr schwach verwendet. Die Häute werden einen Tag lang in einer Flüssigkeit mit einem spezifischen Gewicht von höchstens sechs Grad suspendiert und am nächsten Tag in eine stärkere Flüssigkeit überführt. Der Brühe wird jeden Tag stärkere Flüssigkeit zugesetzt, bis sie ausreichend gegerbt ist, um gespalten zu werden.

Der Stoff wird glatt ausgestrichen und zum Spalten zur Maschine gebracht. Das Polieren wird zunächst abgenommen und für Hutbänder, Taschenbücher usw. verkauft. Die Körnchen werden bearbeitet und die Splitter werden zur gründlichen Gerbung in die Gerbflüssigkeiten zurückgeführt. Sobald die Späne gegerbt sind, werden sie gewaschen, abgetropft und dann in der Trommel in Sumachlikör gewalkt. Sie werden nun gereinigt und nach dem Einlegen gut mit Kabeljauöl eingeölt.

Sie werden nun an den Rahmen festgeheftet und getrocknet. Anschließend werden sie aus den Rahmen genommen und per Hand über den Tisch gelegt. Die Risse werden zum Japanladen gebracht , dort wieder ausgeheftet und sind bereit für den ersten Anstrich. Es werden zwei Schichten aufgetragen. Nach jedem Anstrich werden die Risse gut abgerieben, dann erhalten sie den glatteren Anstrich. Nun werden die Farbschichten aufgetragen und nach dem Trocknen wird das Leder aufgerauht und veredelt.

KAPITEL 11
HERSTELLUNG VON GUMMISCHUHEN

Untersuchen Sie die Gummis, die wir im Winter und bei stürmischem Wetter tragen.

Schuhüberzüge aus Gummi sollen den Schuh vor Wasser und Schnee schützen und können entweder die Form von Hausschuhen oder Arktis haben. Der Belag wird mittels einer Gummimischung wasserdicht gemacht.

Kautschuk ist die Bezeichnung für einen geronnenen Milchsaft, der aus vielen verschiedenen Bäumen, Weinreben und Sträuchern gewonnen wird, die auf dem Teil der Erdoberfläche wachsen, der etwa drei- bis vierhundert Meilen auf beiden Seiten des Äquators ein Band bildet.

Rohkautschuk.

Kautschuk wird kommerziell nach dem Bezirk, in dem er vorkommt, klassifiziert. In der Reihenfolge ihrer Wichtigkeit kann sie in drei allgemeine Arten unterteilt werden, nämlich amerikanische, afrikanische und asiatische. Die besten und größten Mengen an Kautschuk kommen aus Brasilien, an den Ufern des Amazonas. Die Länder im nördlichen und westlichen Teil Südamerikas sowie die mittelamerikanischen Staaten und Mexiko liefern beträchtliche Kautschukmengen. Ost- und Westafrika produzieren ebenfalls viele Kautschukarten in großen Mengen, wenn auch etwas schlechter als das brasilianische Produkt. Der asiatische Kautschuk ist mengenmäßig unbedeutend und, mit Ausnahme des Kautschuks, der aus kultivierten Bäumen in Ceylon gewonnen wird, qualitativ deutlich minderwertig.

Der aus Brasilien gewonnene Flüssigkautschuk heißt Para und wird hauptsächlich zur Herstellung von Gummischuhen verwendet. Die Methode zur Gewinnung und Gerinnung des Kautschuksaftes (Latex genannt) ist in den verschiedenen Ländern unterschiedlich. Der Eingeborene räumt zunächst einen Platz unter mehreren Bäumen frei und klopft dann mit einer kurzstieligen Axt mit kleiner Klinge auf die Bäume, indem er Schnitte in die Rinde schneidet. Unter jedem Schnitt ist eine Tasse angebracht, um die ausfließende Flüssigkeit aufzufangen. Sobald die Becher gefüllt sind, werden sie in ein großes Gefäß entleert und zum Gerinnen ins Lager getragen. In einem flachen Loch im Boden wird ein Feuer entfacht und darauf werden Palmnüsse geworfen, die einen dichten Rauch erzeugen. Über dem Feuer wird eine irdene Abdeckung angebracht, die oben eine kleine Öffnung hat, so dass der Rauch durch die Öffnung entweichen kann. Ein Holzpaddel wird zunächst in Tonwasser und dann in das Latex getaucht und dann über den Rauch gehalten. Durch die Hitze lässt eine dünne Gummischicht auf dem Paddel gerinnen. Es wird immer wieder in das Latex getaucht und jedes Mal geräuchert. Nach mehrmaligem Eintauchen bildet sich ein Gummiklumpen (Keks genannt). Es wird ein Schnitt in den Keks gemacht und das Paddel entfernt. Dann ist der Gummi marktreif. Die weltweite Kautschukernte belief sich 1911 auf etwa neunzigtausend Tonnen.

Nur wenige Menschen sind sich darüber im Klaren, wie viele Arbeitsgänge erforderlich sind, um aus dem Rohkautschukbiskuit den hochveredelten Gummischuh von heute herzustellen. Kurz gesagt sind die verschiedenen Schritte Waschen, Trocknen, Compoundieren, Kalandrieren , Schneiden der verschiedenen Teile, Herstellen oder Zusammenfügen dieser Teile, Lackieren, Vulkanisieren und Verpacken. Jeder dieser Prozesse erfordert eine eigene Abteilung und viele dieser Prozesse sind in kleinere Vorgänge unterteilt.

Der riesige Vorrat an Parakautschuk, also Kautschuk aus dem Amazonasgebiet, der in allen führenden Gummifabriken zu finden ist, beläuft sich auf mehrere Tausende Dollar. Bei einem Gummipreis von etwa 1,50 US-Dollar pro Pfund beträgt der Lagerbestand von zehn bis fünfzig Tonnen einen fünf- oder sechsstelligen Betrag.

Dieser Rohkautschuk, da er aus dem Amazonasgebiet stammt, enthält mehr oder weniger Schmutz, Kieselsteine und andere Fremdstoffe, die entfernt werden müssen.

Die großen Rohkautschukkuchen werden zunächst von einer Crackermaschine zerkleinert, die aus zwei großen, rotierenden Stahlzylindern besteht, aus denen das Produkt in Pfannen oder Schalen fällt. Anschließend gelangt es zu einer Maschine, die als „Waschmaschine" oder „Blechmaschine" bekannt ist, wo es zwischen rotierenden Zylindern geführt wird, auf die kontinuierlich sauberes Wasser gesprüht wird. Nachdem es zu groben Platten gerollt wurde, wird es in einen Tank gegeben, von wo aus es zur „Schläger"-Maschine geleitet wird, in der kontinuierlich Wasser fließt, und dann erneut gewaschen und „ausgerollt" wird. Anschließend wird es auf zwei Arten getrocknet.

(1) Der ältere Weg. Die Laken werden in einem großen Raum über Stangen aufgehängt und an der Luft trocknen gelassen. Um dies zu ermöglichen, wird häufig ein Ventilator oder Gebläse eingesetzt, um eine Zirkulation und Entfernung der feuchtigkeitsbeladenen Luft zu bewirken. Dies erfordert einen Zeitraum von ein bis zwei bis drei Monaten.

Waschen und Trocknen .

(2) Die zweite Methode wird Vakuumtrocknung genannt. Dieses Verfahren wird schrittweise eingeführt, so dass mittlerweile wahrscheinlich mehr Gummi im Vakuum als an der Luft getrocknet wird. Der Vakuumtrockner besteht aus einem großen, mit Platten gefüllten Eisenzylinder, durch den Dampf zirkulieren kann. Der Gummi wird auf die

Platten gelegt und die Luft wird mittels einer Luftpumpe aus dem Zylinder abgesaugt, bis ein Vakuum von nahezu 26 Grad erreicht ist. Durch diesen Prozess werden nur zwei bis drei Stunden benötigt, um vollkommen trockenen Gummi herzustellen.

Die Herstellung eines Gummischuhs ist nicht so einfach, wie man zunächst vermuten könnte. Ein gewöhnlicher Gummischuh besteht aus mindestens sieben oder acht verschiedenen Teilen, manchmal aus einundzwanzig Teilen pro Paar, während eine Gamasche mit hohem Knopf aus siebzehn verschiedenen Teilen besteht und ein Gummistiefel aus dreiundzwanzig verschiedenen Teilen besteht. Es gibt Einlegesohlen, Außensohlen, Stege, Paspeln, Füchse und ein Dutzend anderer verschiedener Teile, von denen jedes einzelne für die ordnungsgemäße Konstruktion eines Gummischuhs oder -stiefels erforderlich ist. Die dünneren Laken für das Obermaterial werden von Hand zugeschnitten. Die geschickte Arbeit der Schneider beim Befolgen der auf den Laken dargestellten Muster ist das Ergebnis jahrelanger Übung. Die Gummiplatten, aus denen das Obermaterial und die Sohle geschnitten werden, sind in diesem Arbeitsstadium plastisch und sehr klebrig. Aus diesem Grund ist es notwendig, die verschiedenen Stücke einzeln zu schneiden und getrennt aufzubewahren. Die Sohlen und einige der schwereren Teile werden maschinell getrocknet und die Absätze werden von einer Spezialmaschine hergestellt, aber der weitaus größte Teil wird von wunderbar geschickten Händen erledigt. Alle diese Teile, aus denen ein Schuh hergestellt wird, oder die dreiundzwanzig Teile, die in einen Stiefel passen, werden gesammelt und an die Herstellungsabteilung geschickt, die in den meisten Fabriken ein großer Raum ist, in dem mehrere hundert Arbeiter arbeiten selbst und bringt die vielen Einzelteile in das fertige Schuhwerk ein.

Kalenderraum .

Nach dem Trocknen werden die Gummiplatten in den „Compound"-Raum gebracht, wo sie mit Watte bestreut werden, um ein Ankleben zu verhindern, und gewogen werden. Anschließend werden sie in den Kalanderraum zu einem „Mischer" gebracht , in dem der Kautschuk mit anderen Substanzen vermischt wird, darunter Schwefel , Litharge, Wittling, Lampenruß, Teer, Harz, Kalk, Palmöl und Leinöl.

Es gibt verschiedene Kalandermaschinen . Die sogenannten Oberkalander bilden Gummiplatten für den oberen Teil des Schuhs. Die Sohlenkalander bilden den Vorrat für die Sohle bzw. den unteren Teil des Schuhs; Andere Kalandermaschinen werden verwendet, um eine Gummischicht auf eine Seite der Stoffe aufzutragen, die als Futter und verschiedene Streifen, Füller, Zehen- und Fersenteile verwendet werden. Die Gummibögen werden in den Zuschnittraum geschickt.

In der Regel werden Futterstoffe für neun Paar Schuhe auf einmal zugeschnitten. Die Auskleidungen werden sowohl von Hand als auch maschinell geschnitten. Männer, die mit Matrizen von Hand schneiden, stehen an der Bank und benutzen Eisenhämmer, wie sie zum Schneiden von Absätzen verwendet werden. Innensohlen, Fersenteile und Futter werden alle auf die gleiche Weise mit Matrizen geschnitten.

Die Kanten der einzelnen Teile werden mit Zement bestrichen und dann werden die Teile in den Herstellungsraum gebracht und dort verteilt. In der Herstellungsabteilung werden die Stiefel und Schuhe zusammengefügt. Frauen machen die leichten Überschuhe; Männer machen die schweren. Gummis werden von Frauen hergestellt, Männer tragen jedoch die Außensohlen auf.

Die Beläge werden zunächst glatt auf einen Holzleisten aufgetragen und mit der Zementseite nach außen zusammengeklebt. Anschließend werden die Gummiteile aufgeklebt und mit einem kleinen Handroller fest angerollt. Junge Frauen werden in dieser Arbeit sehr geschickt, indem sie die verschiedenen Teile in schneller Folge aufnehmen, sie genau auf den letzten legen und sie fest zusammenrollen und hämmern.

Schneideraum.

Der vielleicht interessanteste Einzelvorgang ist der Zusammenbau des Gummistiefels. Diese Arbeit wird von Männern ausgeführt und erfordert neben einem genauen Sehvermögen schnelle und sehr geschickte Handbewegungen sowie erhebliche Kraft. Es sind keine Nägel, Reißzwecken oder Nähte erforderlich. Die natürliche Haftfähigkeit des Gummis, unterstützt durch die Verwendung von Gummikleber, hält die Teile fest zusammen.

Bei der Herstellung des Schuhs wird der Leisten mit den verschiedenen Teilen bedeckt, die so hergestellt sind, dass sie an der Stelle, an der sie platziert werden, haften. Es ist eine präzise und schöne Arbeit, alle diese Teile perfekt zusammenzufügen, wobei jede Kante nur bis zu einem gewissen Grad überlappt und nicht weiter. Die leichteren Schuhe werden von Frauen hergestellt, die schweren Holzfällerschuhe, Arktis und insbesondere die Stiefel werden jedoch von Männern hergestellt, denn diese Arbeit erfordert sowohl Kraft als auch Geschicklichkeit.

Die zu lackierenden Waren werden auf Gestelle gestellt und mit einer Mischung aus gekochtem Leinöl, Naphtha und anderen Materialien behandelt, die mit Pinseln aufgetragen werden und der Oberfläche Glanz verleihen.

Beim Vulkanisieren von Stiefeln und Schuhen werden die Schuhe auf Gestellen platziert, die von Eisenwagen getragen werden, die über Schienen in die Vulkanisierkammer gefahren werden. Dieser besteht im Wesentlichen aus einem großen Raum, der mit einer Dampfschlange auf dem Boden ausgestattet ist. Die Temperatur übersteigt selten 260 Grad Fahrenheit. Beim Vulkanisieren von Schuhen wird die Hitze von Anfang an schrittweise auf etwa 40 Grad Celsius erhöht, da die Ware sonst aufgrund der schnellen Verdunstung von Feuchtigkeit und anderen flüchtigen Bestandteilen Blasen bilden würde. Sie werden in diesen Heizungen sechs bis sieben Stunden lang aufbewahrt. Dadurch entsteht eine Verbindung von Schwefel und Gummi, die weder Hitze noch Kälte angreift.

Sie werden auf einem anderen LKW in den Packraum gerollt, wo sie kontrolliert, vom Leisten genommen, paarweise zusammengebunden oder gegebenenfalls in Kartons verpackt werden. Sie werden dann in den Versandraum geschickt, wo sie in Kisten verpackt werden, damit sie zu den Waggons geliefert werden können, die an einem Seitengleis der Eisenbahn warten, oder sie werden ins Lagerhaus geschickt, bis sie von den Jobbern oder Einzelhändlern abgerufen werden.

Ein wichtiger Zweig des Gummigeschäfts ist die Herstellung von Tennisschuhen. Dies ist ein allgemeiner Begriff, der für alle Arten von Schuhen mit Stoffoberteil und Gummisohlen verwendet wird. Wie der Name schon sagt, wurden sie zunächst beim Tennisspiel verwendet, sind aber mittlerweile auch als Schuhe für warmes Wetter und für den Urlaub weit verbreitet und erfreuen sich von Jahr zu Jahr wachsender Beliebtheit. Diese Schuhe werden auf ähnliche Weise wie die Gummischuhe hergestellt, wobei die Gummisohlen wie bei den Gummiüberschuhen mit dem Obermaterial aus Stoff verklebt und vulkanisiert werden. Es werden viele verschiedene Stile hergestellt und jedes Jahr gibt es einige Verbesserungen bei den Formen, den verwendeten Textilien, den Farben und Kombinationen von Sohlen und Obermaterial.

Von Gummischuhen kann man nicht erwarten, dass sie einen zufriedenstellenden Dienst leisten, wenn sie nicht ordnungsgemäß montiert sind. Wenn der Schuh zu kurz oder zu schmal ist oder über Leder mit besonders dickem Schaft oder ungewöhnlich dicken, breiten Sohlen getragen wird, werden Teile beansprucht, die nicht dafür ausgelegt sind, und das Gummi gibt nach. Zu große Gummiwaren, insbesondere Stiefel, werden knittern und ein fortgesetztes Falten und Biegen kann zu Rissen führen.

Extreme Hitze oder Kälte sollten vermieden werden. Gummistiefel oder -schuhe sollten niemals in der Nähe einer Heizung getrocknet werden. Wenn das Gummi in der Nähe eines Ofens, einer Heizung oder eines Heizkörpers gelassen wird, besteht die Gefahr, dass es austrocknet und Risse bekommt. Wenn sie im Winter im Freien oder an einem extrem kalten Ort stehen, gefrieren sie. Wenn dann der warme Fuß hineingesteckt wird und die Gummis abgenutzt sind, reißt das Gummi.

Öl, Fett, Milch oder Blut führen dazu, dass Gummi in sehr kurzer Zeit zerfällt. Wenn das Gummi mit Spritzern davon bespritzt ist, sollte es umgehend und gründlich mit warmem Wasser und Seife gereinigt werden.

Das Öl in Lederoberteilen führt zum Verrotten des Gummis. Daher sollte beim Lagern und Verpacken darauf geachtet werden, dass Leder und Gummi nicht in Kontakt kommen.

Zusammensetzen der Teile eines Gummischuhs.

Als Schutz gegen Hängenbleiben werden diverse schwere Güter angepriesen. Es sollte jedoch beachtet werden, dass kein Gummi so stark gemacht werden kann, dass er absolut resistent gegen Reißen oder Durchstechen durch extrem scharfe Kanten, wie z. B. steife Stoppeln, scharfkantige Steine, Glasscherben usw. ist.

Schlamm, Stallschmutz oder Schmutz jeglicher Art dürfen niemals auf den Gummis trocknen. Sie sollten genauso sorgfältig gereinigt werden wie Lederstiefel oder -schuhe.

Bei starker Sonneneinstrahlung über einen längeren Zeitraum wirken sich die Gummis ähnlich aus, als wenn man sie in die Nähe eines Ofens oder Heizkörpers stellt. Gummis sollten nicht in der Sonne trocknen. Bei Nichtgebrauch sollten sie an einem kühlen, dunklen Ort aufbewahrt werden.

GUMMIABSÄTZE

Gummiabsätze werden im Allgemeinen wie folgt für Stiefel und Schuhe hergestellt. Der zusammengesetzte Gummi wird auf einer Kalanderwalze auf einer Trommel zu Schichten verarbeitet, bis mehrere Schichten entstehen, wodurch eine Schicht mit einer Dicke von etwa 2,5 cm entsteht. Aus diesem Blech wird mittels einer Stanze der Absatz ausgeschnitten und in eine Form gelegt. Dort wird es einem extrem hohen Druck ausgesetzt, der im Allgemeinen durch hydraulische Kraft erzeugt wird. Die Platten der Presse werden mit Frischdampf beheizt. Die Absätze werden nach neun oder zehn Minuten entfernt, und die Platte, die früher fast einen Zoll dick war, ist jetzt nur noch etwa einen halben Zoll dick und wurde durch Druck in die gewünschte Form der Absätze geformt und halb oder teilweise vulkanisiert. Außerdem ist auf der Unterseite der Name oder eine andere Marke des Unternehmens aufgedruckt.

Der becherförmige Teil des Absatzes wird nun mit einer Schicht Gummizement beschichtet und fest auf dem Stiefel platziert, bereit für den Transport zum Vulkanisator, wo dann die Vulkanisierung des Absatzes abgeschlossen wird.

Abteilung für Absatzherstellung.

Viele Gummiartikel werden durch die Verwendung von Schwefelchlorid vulkanisiert , ein Vorgang, der manchmal als „Kalthärtung" bezeichnet wird. Die Wirkung von Schwefelchlorid selbst ist so heftig, dass es verdünnt werden muss, und zu diesem Zweck wird häufig Schwefelkohlenstoff verwendet. In manchen Fällen, beispielsweise bei der Herstellung von Tabakbeuteln, werden die Artikel ein bis zwei Minuten lang in die Flüssigkeit eingetaucht, dann herausgenommen und gründlich gewaschen. In einem anderen Fall, wie bei der Herstellung einiger Arten von Gummitüchern, beispielsweise Krankenhauslaken, wird das beschichtete Tuch in einem geeigneten Raum aufgehängt und das Schwefelchlorid und der Schwefelkohlenstoff vermischt und durch Hitzeeinwirkung verdampft, so dass das Tuch einer Belastung ausgesetzt wird allein auf die Einwirkung von Dampf zurückzuführen. Mit der Kalthärtung lassen sich nur vergleichsweise dünnwandige Gegenstände erfolgreich vulkanisieren, da die vulkanisierende Wirkung des Chlorids bestenfalls oberflächlich ist.

Kein Bericht über Vulkanisationsprozesse, wie sie bei der Herstellung von Gummiwaren eingesetzt werden, ist ohne die Erwähnung der „Dampfhärtung" vollständig. Eine Vielzahl von Gummiwaren, die allgemein als mechanische Kleinteile bezeichnet werden, werden mit dieser Methode vulkanisiert. Dazu gehören Gummimatten, Fußmatten, Wasserflaschen, Drogerieartikel usw. Dieser Prozess besteht im Wesentlichen darin, dass die zu vulkanisierenden Gegenstände eine halbe bis eine Stunde lang der Einwirkung von Frischdampf ausgesetzt werden, oder bis die Ware vollständig durchgetrocknet ist vulkanisiert. Die erforderliche Temperatur und Zeitdauer hängen in erheblichem Maße von der Dicke der Wände des Artikels ab. Um zu verhindern, dass die Ware durch die Einwirkung von Dampf Löcher bekommt und beschädigt wird, wird sie mit Tüchern umwickelt oder in Schalen aus Speckstein eingebettet. Eine große Vielfalt an Gummischläuchen wird mit dieser Methode vulkanisiert.

Bei der Herstellung von Kautschukgewebe wird der Rohkautschuk einem Waschprozess unterzogen, getrocknet und mit Schwefel , Litharge, Farbstoffen usw. vermischt und dann in den Zementraum gebracht, wo er mit Naphtha „zerschnitten" wird und eine dicke Schicht bildet Paste oder Teig. Dieses wird in großen Wannen in den Streuraum gebracht und der Walzenmaschine zugeführt, die einem langen Tisch aus horizontal in einer Schicht angeordneten Dampfrohren gleicht. Unter einem Ende befindet sich eine Stoffrolle, die am Ende zwischen zwei Eisenrollen geführt wird. Der Teig wird zwischen diese Walzen eingeführt und glatt auf dem Tuch ausgebreitet, das aufgerollt und in einen Heizraum gebracht wird, wo er ausgerollt und auf Gestellen aufgehängt wird und dann ausreichend Hitze ausgesetzt wird, um die Verbindung des Schwefels und des Teigs zu bewirken Gummi.

CHEMIE BEI DER HERSTELLUNG VON GUMMIWAREN

Die Bedeutung der Chemieabteilung in allen Gummifabriken kann nicht genug betont werden. In den letzten zwei bis drei Jahren hat es eine ungewöhnliche Entwicklung in dieser Richtung gegeben, und heute ist keine Fabrik zur Herstellung von Gummiwaren vollständig, die nicht über ein gut ausgestattetes Labor verfügt. Diese Abteilung ermöglicht es dem Hersteller nicht nur, die Reinheit und Gleichmäßigkeit seiner Compoundierungsbestandteile und der unzähligen Rohkautschukqualitäten zu kontrollieren, sondern, was noch wichtiger ist, sie ermöglicht ihm auch, Forschungsarbeiten in Bezug auf seine spezielle Produktionslinie einzuleiten . Dieser Teil der Laborarbeit liefert bereits Ergebnisse, die nicht nur von wissenschaftlichem Interesse, sondern auch von sehr großem praktischen und wirtschaftlichen Wert sind. Eine weitere Aufgabe des modernen Chemielabors besteht darin, das fertige Material zu kontrollieren, damit der Betriebsleiter täglich über die Gründe für Abweichungen informiert ist, die sich nachteilig auf den Standard seiner Produkte auswirken.

GUMMIBEGRIFFE

KNÖCHELSTÜCK. Ein großes Stück leichtes Gummiband, das um den Knöchel verläuft und etwa bis zur Hälfte des Beins reicht.

ZURÜCK BLEIBEN. Ein Stück Friktionsfolie , ähnlich der Seite, bleibt in Form und wird auf der Rückseite der Ferse und des Knöchels platziert.

ZAHNFLEISCHZÄHLER. Ein aus einer Gummifolie ausgeschnittenes Stück, auf dessen Unterseite eine Gegenform oder ein Stück geriebener Folie angebracht ist.

ÄUßERER FÜLLSTOFF. Eine Füllsohle, die aus einer mit Lumpen beschichteten oder geriebenen Folie geschnitten ist und dazu dient, die Hohlräume an der Unterseite auszufüllen, die dadurch entstehen, dass die Kanten des Zahnfleisches und der Sohle darunter gebracht werden.

INNENSOHLE. Normalerweise aus Filz oder Folie, die auf einer Seite mit Lumpenmaterial beschichtet ist. Beim Zwicken werden die zuvor verklebten Unterkanten des Futters untergezogen und haften an der Innensohle.

BEINABDECKUNG. Ein Stück Gummifolie, das auf ein Stück geriebener Folie gerollt ist, die sogenannte Beinform.

BEINFUTTER. Das Futter, meist aus Filz oder Wollnetz, für das Bein.

ABS. Ein Name für Kautschuk aus Brasilien.

ROHRLEITUNGEN. Streifen aus geriebener Folie dienten dazu, das Futter über dem Spann und am Rücken miteinander zu verbinden und es außerdem am Baum zu halten, indem ein Streifen über die Oberseite geführt wurde.

STOFFZÄHLER. Quarter Stiff ist ein Gegenstück, das aus mit Lumpen beschichtetem oder geriebenem Blech ausgeschnitten ist und der Theke Steifigkeit verleiht.

SEITENSTREBE. Ein spitzenförmiges Stück Friktionsfolie , das auf jeder Seite des Knöchels platziert wird.

LAPPENSOHLE. Eine aus einem Stück Lumpenstoff ausgeschnittene Sohlenversteifung, die den gesamten Boden bedeckt. Die Kanten werden geschält, um eine perfekte Kante zu erhalten.

ZEHENFÜLLER. Eine Füllsohle aus Lumpenmaterial, um die Hohlräume an der Unterseite auszufüllen, die durch das Anbringen des Futters an der Innensohle entstehen.

Teile eines Gummistiefels.

ZEHENFUTTER. Das Futter für das Vorderblatt besteht aus dem gleichen Material wie das Beinfutter.

VAMP. Ein Stück aus Kaugummi ausgeschnitten.

VAMPIRFORM. Ein Stück Friktionsfolie wird auf die Form des Vorderblatts zugeschnitten und über das Zehenfutter gestülpt.

WEBGURTE. Die Riemen werden mit den zusammengefügten Enden zwischen Beinfutter und Beindecke angelegt und bilden an der Innenseite des Stiefels eine Schlaufe zum Anziehen.

KAPITEL ZWÖLF
GESCHICHTE DER SCHUHE

Wir stellen fest, dass primitives Schuhwerk, wie alle anderen Anfänge auch, von gröbster Natur war und die Form einfacher Sandalen annahm. Es ist wahrscheinlich, dass der Mensch seinen Fuß zunächst durch einfache Fellstücke, die an der Unterseite des Fußes befestigt wurden, vor dem rauen Weg schützte. Die Sandale gehört zu den primitivsten und ist die Art von Schuhwerk, die heute getragen wird. Die Sandale wurde einfach mit Lederriemen am Fuß festgebunden, die zwischen die Zehen geführt und um den Knöchel gebunden wurden.

Ungefähr zur elisabethanischen Zeit war das Schuhmachen wirklich eine sehr schöne Kunst geworden. Einige Fußkreationen wurden von den Hofschuhmachern angefertigt, die den individuellen Geschmack des Monarchen widerspiegelten, und der Wettbewerb um etwas Neues war so groß, dass die Stile sehr oft einen grotesken Aspekt annahmen. Die Zehen wurden verlängert, so dass sie manchmal hochgezogen und mit Kordeln und Quasten an der Oberseite der Schuhe befestigt wurden, und es wurde schließlich notwendig, ein Gesetz zu erlassen, um solche unverschämten Arten von Schuhen zu verhindern. Die Pantoffeln dieser Zeit waren extrem hochhackig und oft wurde für ihre Verzierung ein kleines Vermögen ausgegeben. Meistens handelte es sich um Turnschuh-Modelle, und die erhaltenen Exemplare zeigen die hervorragende Verarbeitung, die zu dieser Zeit in Mode war.

Kommen wir nun zum ersten Schuhmacher Amerikas. Als die *Mayflower* die zweite Reise nach Amerika unternahm, hatte sie unter anderem einen Schuhmacher namens Thomas Beard an Bord, der einen Vorrat an Häuten mitbrachte. Sieben Jahre später traf ein gewisser Phillip Kertland ein , der aus Buckinghamshire stammte und sich 1636 in Lynn niederließ.

Kertland war der Schuhmacherpionier von Lynn und übte jahrelang erfolgreich sein Handwerk aus, indem er anderen seine Methoden und Methoden beibrachte, so dass Lynn fünfzehn Jahre nach seiner Ankunft nicht nur den Bedarf seiner Bewohner deckte, sondern auch einen Teil davon schickte seine Produkte zum Hafen von Boston. Bereits im Jahr 1648 wird Gerberei und Schuhmacherei als Wirtschaftszweig der Kolonie Virginia erwähnt, wobei besonders erwähnt wird, dass ein Pflanzer namens Matthews auf seinem Gelände acht Schuhmacher beschäftigte. Im Jahr 1656 wurden in Connecticut und im Jahr 1706 in Rhode Island gesetzliche Beschränkungen für den Cordwainer verhängt, während in New York bekanntermaßen das Gerberei- und Schuhmachergewerbe schon vor der Kapitulation der Provinz vor England im Jahr 1664 fest etabliert war. Im Jahr 1698 Die Industrie wurde in Philadelphia gewinnbringend betrieben, und 1721 verabschiedete die Kolonialgesetzgebung von Pennsylvania ein Gesetz, das das Material und die Preise der Stiefel- und Schuhindustrie regelte.

Vor 1815 wurden die meisten Schuhe von Hand genäht, einige waren mit Kupfernägeln versehen. Die schwereren Schuhe wurden rahmengenäht und die leichteren gedrechselt. Diese Herstellungsmethode wurde etwa im Jahr 1815 durch die Einführung der hölzernen Schuhklammern geändert, die 1811 erfunden wurde und bald allgemein verwendet wurde. Bis zu diesem Zeitpunkt waren bei den Herstellungsmethoden kaum oder gar keine Fortschritte erzielt worden. Der Schuhmacher saß auf seiner Werkbank und schnitt, nähte, hämmerte und nähte mit kaum einem anderen Werkzeug als Hammer, Messer und hölzernem Schulterstock, bis der Schuh fertig war. Vor dem Jahr 1845, das den ersten erfolgreichen Einsatz von Maschinen in der amerikanischen Schuhherstellung markierte, war diese Industrie im strengsten Sinne ein Handarbeitsprozess, und der junge Mann, der sie zu seinem Beruf erwählte, absolvierte eine siebenjährige Lehre, in der er auch tätig war lehrte jedes Detail der Kunst. Er wurde in die Vorbereitung der Innen- und Außensohle eingewiesen, wobei er sich für die richtigen Proportionen fast ausschließlich auf sein Auge verließ; Er lehrte, Pflöcke vorzubereiten und einzutreiben, denn in der ersten Hälfte des letzten Jahrhunderts war der Stöpselschuh die übliche Art von Schuhwerk; und machte sich mit der Herstellung von gedrechselten und rahmengenähten Schuhen vertraut, die seit jeher als die höchsten Arten der Schuhmacherei gelten, da sie eine außergewöhnliche Geschicklichkeit des Handwerkers beim Kanalisieren der Innen- und Außensohle von Hand, beim Abrunden der Sohle, beim Nähen des Rahmens und beim Nähen erfordern die Außensohle. Nach Abschluss seiner Lehre war es für den gelernten Schuhmacher Brauch, mit dem sogenannten „Auspeitschen der Katze" zu beginnen, was bedeutete, von Stadt zu Stadt zu reisen, bei einer Familie zu leben und für jede einen Jahresvorrat an Schuhen anzufertigen Mitglied zu werden und dann mit der Erfüllung zuvor eingegangener Verpflichtungen fortzufahren.

Der Wandel, aus dem sich unser heutiges Fabriksystem entwickelt hat, begann in der zweiten Hälfte des 18. Jahrhunderts, als ein Größensystem entworfen wurde und Schuhmacher, die unternehmungslustiger waren als ihre Kollegen, Gruppen von Arbeitern um sich versammelten und die Würde auf sich nahmen der Hersteller.

Es stellte sich bald heraus, dass der Handwerksmeister sein Einkommen erheblich steigern konnte, indem er andere Männer mit der Arbeit beschäftigte, während er ihre Bemühungen leitete, und dies führte nach und nach zu einer Arbeitsteilung: die Schuhoberteile, die zuvor genäht worden waren Die Arbeit wurde von Männern mit gewachstem Faden mit Borsten durchgeführt, jetzt wurden sie von Frauen erledigt, die die Arbeit oft mit nach Hause nahmen.

Ein Arbeiter schnitt das Leder zu, andere nähten das Obermaterial und wieder andere befestigten das Obermaterial an den Sohlen, wobei jeder Arbeiter im Herstellungsprozess nur einen Teil bearbeitete.

Wir stellen fest, dass die Entwicklung des Fabriksystems im Jahr 1795 ein Stadium erreicht hatte, in dem es allein in Lynn zweihundert Handwerksmeister gab, die sechshundert Gesellen beschäftigten und dreihunderttausend Paar Schuhe pro Jahr herstellten. Der gesamte Schuh wurde dann unter einem Dach gefertigt, und zwar in der Regel aus vor Ort gegerbtem Leder.

Fabrikgebäude waren zu dieser Zeit nicht sehr protzig und stellten keineswegs den Arbeitsaufwand des Eigentümers dar; Denn zu dieser Zeit entstanden die kleinen zehn mal zehn Fabriken, die es noch heute in einigen Hinterhöfen der Lynn-Häuser gibt. Viele Bauern stellten fest, dass das Schuhmachen im Winter eine lohnende Beschäftigung war, und sie und vielleicht auch ihre Nachbarn versammelten sich in diesen Läden und holten aus den verschiedenen Fabriken Schuhe, an denen sie die Sohlen befestigten, oder Oberteile, um sie zu binden, die nach der Fertigstellung fertig waren Arbeit, wurden in die Fabrik zurückgebracht, wo sie fertiggestellt und in Holzkisten verpackt auf den Markt gebracht wurden. Auf diese Weise florierte und entwickelte sich die Industrie bis zur Einführung der Maschinen, die erst vor etwas mehr als einem halben Jahrhundert stattfand.

Bis zum Jahr 1811 wurden bei der Herstellung von Schuhen überhaupt keine Maschinen eingesetzt. In diesem Jahr wurden Schuhklammern und eine Maschine zu deren Herstellung erfunden. Der Zapfenschuh war weit verbreitet, aber erst 1835 wurde eine Maschine zum Eintreiben von Zapfen hergestellt, und selbst zu dieser Zeit war die Maschine nur ein mäßiger Erfolg. Es handelte sich um eine Handmaschine und ihre Arbeit war keineswegs zuverlässig.

Die erste Maschine, die in der Branche breite Akzeptanz fand, war die „Walzmaschine". Damit wurde das Sohlenleder unter Druck gerollt, und es heißt, dass ein Mann mit dieser Maschine in einer Minute die gleiche Arbeit ausführen konnte, für die er mit dem altmodischen Lapstone und dem Hammer eine halbe Stunde benötigt hätte. Darauf folgte 1848 die wichtigste Erfindung, die „Nähmaschine", die von Elias Howe perfektioniert wurde, und bald darauf folgte eine Maschine, die mit gewachstem Faden nähte und es ermöglichte, das Oberteil von Schuhen noch besser zu nähen schneller, zuverlässiger und zufriedenstellender als je zuvor. Auch dieser folgte bald eine Maschine, die das Sohlenleder spaltete, und eine weitere zum Polieren oder Entfernen der Narbung.

Im Jahr 1855 kam William F. Trowbridge, Partner der Firma F. Brigham & Company in Feltonville , Massachusetts, damals ein Teil von Marlboro, auf die Idee, die damals verwendeten Maschinen mit Pferdestärken anzutreiben. Die Einführung der Energie wurde sehr allgemein, so dass es im Jahr 1860 kaum noch Fabriken gab, die nicht durch Dampf- oder Wasserkraft angetrieben wurden.

Das Jahr 1858 war geprägt von der Erfindung der McKay-Nähmaschine durch Lyman R. Blake, die wahrscheinlich mehr als jede andere eine revolutionäre Wirkung auf die Industrie hatte.

Die McKay-Maschine nähte zu diesem Zeitpunkt weder die Spitze noch die Ferse; Das Nähen wurde am Schaft begonnen und auf einer Seite bis zu einem Punkt in der Nähe der Spitze fortgeführt, und derselbe Vorgang wurde auf der anderen Seite wiederholt. aber es schien große Möglichkeiten zu bieten und stieß in der gesamten Branche auf großes Interesse. Es war natürlich eine sehr einfache Maschine und ganz anders als die heutige McKay-Maschine. Es wurde auf eine Bank gestellt und der zu nähende Schuh über ein Horn gelegt, und das Nähen erfolgte vom Kanal in der Außensohle durch die Sohle und die Innensohle. Colonel McKay begann sofort mit der Verbesserung der Maschine. Er beschäftigte erfahrene Mechaniker mit der Arbeit und versuchte, es in verschiedenen Fabriken einzuführen, stieß jedoch hinsichtlich seiner Zukunft auf großen Widerstand und Kritik. Es heißt, er habe den Schuhmachern von Lynn angeboten, die Maschine zu veräußern und ihnen die ausschließliche Nutzung zu überlassen, wenn sie ihm dreihunderttausend Dollar zahlen würden, ein Angebot, das nicht angenommen wurde.

Die Maschine hinterließ einen Schlaufenstich und eine Fadenkante auf der Innenseite des Schuhs, deckte jedoch die große Nachfrage nach genähten Schuhen, und durch ihren Einsatz wurden viele hundert Millionen Paare hergestellt.

Während Colonel McKay bei dem Versuch, seine Maschine einzuführen, auf Ablehnung und Entmutigung gestoßen war, war die öffentliche Notwendigkeit so groß, dass die Hersteller gezwungen waren, sie sofort in Angriff zu nehmen; Aber Colonel McKay war immer noch beschämt, weil ihm das Kapital fehlte, um sein schnell wachsendes Geschäft weiterzuführen. Zu dieser Zeit wurde ein System zur Platzierung von Maschinen in Fabriken eingeführt, das sich als der wirksamste Faktor beim Aufbau der Schuhindustrie erwiesen hat. Hierbei handelte es sich um ein Lizenzsystem, bei dem die Maschine bzw. der Maschineneigentümer an den Gewinnen aus der Nutzung der Maschine beteiligt wurde.

Es scheint kaum in Frage zu stellen, dass das Prinzip des Königtums eine der größten Kräfte beim Aufbau der erfolgreichen Industrie ist, die wir heute haben; Es bot eine einfache Möglichkeit, Maschinen einzuführen, ohne den Herstellern Schwierigkeiten zu bereiten, die, wenn sie verpflichtet gewesen wären, den tatsächlichen Wert der Maschinen zu zahlen, überhaupt nicht in der Lage gewesen wären, sie einzuführen. Es sind Fälle bekannt, in denen Hunderttausende Dollar für Maschinen ausgegeben wurden, die dann aber aufgegeben wurden, ohne einen einzigen Schuh hergestellt zu haben.

Zur Zeit der Einführung der McKay-Maschine beschäftigten sich die Erfinder mit anderen Dingen, und so kam es zur Einführung der „Kabelnagelmaschine". Dieser war mit einem Kabel aus Nägeln versehen, wobei der Kopf des einen mit der Spitze des anderen verbunden war; Diese schnitten die Maschinen in einzelne Nägel und fuhren automatisch. Etwa zu dieser Zeit wurde auch die „Schraubenmaschine" eingeführt, die aus Messingdraht eine Schraube formte, diese in das Leder drückte und sie automatisch abtrennte. Hierbei handelte es sich um den Prototyp der „Schnellen Standard-Schraubmaschine", einer vergleichsweise jungen Erfindung, die heute sehr häufig als Sohlenverschluss für die schwerere Klasse von Stiefeln und Schuhen verwendet wird. Sehr bald darauf erregte die Erfindung eines New Yorker Mechanikers zum Nähen von Sohlen die Aufmerksamkeit der Branche. Das Gerät war insbesondere für die Herstellung von Wendeschuhen gedacht und erlangte später als „Goodyear-Wendeschuhmaschine" Berühmtheit.

Kurz nach der Erfindung von Goodyear wurde die erste Maschine eingeführt, die im Zusammenhang mit der Fersenherstellung verwendet wurde – eine Maschine, die die Ferse zusammendrückte und Löcher für die Nägel stach; Bald darauf folgte eine Maschine, die die Nägel automatisch eintrieb, nachdem zuvor der Nagel angebracht und durch die Führungen der Maschine gehalten worden war. Weitere Verbesserungen an Fersenmaschinen folgten mit beträchtlicher Geschwindigkeit, und kurz darauf kam eine Maschine zum Einsatz, die nicht nur die Ferse nagelte, sondern auch mit einem Handschneider ausgestattet war, den der Bediener nach dem Nageln um die Ferse schwenkte. Daraus haben sich die derzeit verwendeten Heeling-Maschinen entwickelt.

Einer der ersten Verwendungszwecke der Nähmaschine war das Zusammennähen der weichen und biegsamen Lederstücke, aus denen das Obermaterial eines Schuhs besteht – eine einfache Sache, die nur eine geringfügige Anpassung der ursprünglichen Maschine erforderte. Es ist ein weitaus komplizierterer Vorgang, das Obermaterial an die dicke und schwere

Sohle zu nähen, und es vergingen Jahre, bis das Geheimnis gelüftet wurde und die McKay-Maschine auftauchte. Bei dem auf der McKay-Maschine genähten Schuh verlief der Faden bis in die Innenseite der Innensohle und hinterließ einen kratzenden Grat, an dem der Strumpf des Trägers rieb. Der McKay-Schuh verdrängte nur die gröberen Sorten. Der handgenähte Schuh blieb der Favorit von Reichtum und Mode und wurde ausschließlich von denen getragen, die Wert auf Komfort legten und sich den Preis leisten konnten. Beim Nähen eines Schuhs von Hand wird zunächst ein dünner und schmaler Lederstreifen, ein sogenannter Keder, an die Innensohle und das Obermaterial genäht, und die schwere Außensohle wird an diesen Keder genäht, sodass die Nähte nach außen kommen und den Fuß nicht berühren , wobei die Innensohle völlig glatt bleibt. Es ist ein heikler Vorgang von Hand, und es vergingen viele Jahre, bis eine Maschine erfunden wurde, mit der er durchgeführt werden konnte. Endlich war das Problem gelöst. Es erschienen die „Goodyear-Rahmen- und Nähmaschinen" – benannt nach Charles Goodyear, der sie finanzierte und perfektionierte, einem Sohn des Mannes, der der Welt die Verwendung von Gummi beibrachte. Diese beiden Maschinen sind der Kern des Goodyear-Rahmensystems, dem die Revolution einer Branche zugeschrieben werden muss. Obwohl es sich um völlig unterschiedliche Maschinen handelt, sind sie untrennbar miteinander verbunden, denn keine kann ohne die andere effektiv bei der Herstellung des modernen Goodyear-Rahmenschuhs eingesetzt werden.

Einlegesohle für handgenähte Schuhe.

Handgenähter Schuh.

Der Stil eines Schuhs hängt zu einem großen Teil vom hölzernen Leisten ab, über den das Obermaterial geformt wird, bevor es an der Sohle befestigt wird. Einen Ersatz für die menschliche Hand zu finden, die den Schuh an den Leisten anpasst und das Leder über seine zarten Linien und Rundungen zieht, schien lange Zeit unmöglich.

Dies geschah Anfang der siebziger Jahre, als eine Maschine für diese Arbeit erfunden wurde. Dies führte zu einer großen Veränderung in einem Bereich der Schuhherstellung, der bis zu diesem Zeitpunkt als reiner Handarbeitsprozess galt. Diese Maschine sowie die darauffolgenden zwanzig Jahre lang galten als der beste Maschinentyp, bei dem das Schuhoberteil entweder durch Reibung oder mit einer Zange über den Leisten gezogen und dann mit der Hand festgeheftet wurde Werkzeug.

In vergleichsweise kurzer Zeit wurde eine weitere Maschine eingeführt, die alle bisherigen Ideen im Bereich Dauerhaftigkeit revolutionierte. Diese Maschine wird derzeit allgemein verwendet und ist als „Konsolidierte Handzwickmaschine" bekannt. Es war mit Zangen ausgestattet, die das Leder automatisch um den Leisten zogen und gleichzeitig einen Nagel antreiben, der es an Ort und Stelle hielt. Diese Maschine wurde so weit entwickelt, dass sie heute zum Zwicken von Schuhen aller Art verwendet wird, von der niedrigsten und billigsten bis zur höchsten Qualität, und es ist eine Maschine, die wunderbare mechanische Genialität zeigt.

Der Perfektionierung der Zwickmaschine folgte kürzlich die Einführung einer Maschine, die den schwierigen Vorgang des „Überziehens" zufriedenstellend ausführt, bei dem das Schuhoberteil genau auf dem Leisten zentriert und vorübergehend in seiner Position befestigt wird die Arbeit des Dauerhaften. Die neue Maschine, die als „Hand-Überziehmaschine" bekannt ist, ist mit Zangen ausgestattet, die sich automatisch schließen und den Schuhschaft an den Seiten und an der Spitze greifen. Es ist mit Einstellmöglichkeiten ausgestattet, die es dem Bediener ermöglichen, das Schuhoberteil schnell auf dem Leisten zu zentrieren. Durch Druck auf einen Fußhebel zieht die Maschine das Schuhoberteil automatisch nah an den Leisten heran und sichert es mit Hilfe von Reißnägeln in seiner Position auch von der Maschine angetrieben. Die Einführung dieser Maschine markierte eine radikale Veränderung in dem einen wichtigen Schuhherstellungsprozess, der bis zu diesem Zeitpunkt allen Versuchen einer mechanischen Verbesserung erfolgreich widerstanden hatte.

Etwa zu der Zeit, als das Zwicken zum ersten Mal eingeführt wurde, kamen auch Maschinen auf den Markt, mit denen Fersen- und Vorderteil bearbeitet wurden. Diese Maschinen waren mit einem Werkzeug ausgestattet, das mit Gas erhitzt wurde und praktisch die Arbeit eines Handwerkers nachahmte, der die Kanten mit einem heißen Werkzeug abrieb, um sie fertigzustellen. Aus diesen frühen Maschinen entwickelten sich die „Kantensetzmaschinen", die heute im Einsatz sind.

So ist jeder Arbeitsgang nach und nach der Erfindung gewichen, bis vor kurzem der einzige verbleibende Prozess unterdrückt wurde, als eine Maschine zum Schneiden von Oberteilen entwickelt wurde. Es gibt Maschinen zum Formen, Komprimieren und Nageln von Absätzen; zur Befestigung der Sohlen am Obermaterial schwerer Schuhe mit Holzstiften oder Kupferschrauben und -drähten; zum Abrunden, Polieren und Polieren der Sohlen; zum Beschneiden und Fixieren der Sohlenkanten; für die Durchführung unzähliger Operationen, von denen einige scheinbar trivial sind, die aber alle für die Perfektion in Bezug auf Komfort, Haltbarkeit oder Stil unerlässlich sind ; so dass in Schuhfabriken heutzutage eine größere Vielfalt an komplizierten und teuren Maschinen verwendet wird als in Fabriken jeder anderen Art.

Heutzutage hat das Genie des amerikanischen Erfinders dafür gesorgt, dass jedes Detail der Schuhherstellung, selbst die kleinsten Prozesse, von irgendeiner Art mechanischer Vorrichtung ausgeführt werden. Dies hat den Schuhmacher von heute natürlich zu einem Spezialisten gemacht, der nur sehr selten etwas über die Schuhmacherei weiß, abgesehen von dem besonderen Prozess der Schuhmacherei, mit dem er vertraut ist und mit dem er seinen Lebensunterhalt verdient. Der amerikanische Schuh von heute ist die Standardproduktion der Welt. Es ist überall dort gefragt, wo Schuhe getragen werden.

Im Jahr 1874 waren nicht nur die Maschinen perfektioniert worden, an deren Bau Colonel McKay und Mr. Goodyear maßgeblich beteiligt waren, sondern auch andere Erfinder hatten ähnliche Maschinen für ähnliche Arbeiten eingeführt. Dies führte zu einem härtesten geschäftlichen Wettbewerb und führte schließlich in vielen Fällen dazu, dass ein Maschinenhersteller behauptete, die andere Maschine verletze seine Patentrechte, und in vielen anderen Fällen kam es zu heftigsten Rechtsstreitigkeiten. Dies hatte äußerst verheerende Auswirkungen auf die Schuhhersteller, denn in vielen Fällen musste der Hersteller die Hauptlast der Schläge tragen, die konkurrierende Schuhmaschinenhersteller einander versetzten.

Der Betrieb von Maschinen in Fabriken wurde durch einstweilige Verfügungen gestoppt; Es wurden Schadensersatzklagen eingereicht und die Rechtsstreitigkeiten waren sehr allgemein gehalten. Im Jahr 1899 wurde eines der bedeutendsten Ereignisse in der Geschichte der Schuhherstellung eingeläutet. Die wichtigsten Konzerne, die gegeneinander Krieg geführt hatten, wurden von einer großen Gesellschaft aufgekauft und unter eine harmonische Leitung gebracht.

Die United Shoe Machinery Company verdankt ihren Ursprung einem Ruf nach einer Änderung der Bedingungen, die die Schuhindustrie bedrohen und nicht ignoriert werden dürfen. Es entstand durch den Zusammenschluss der drei im Jahr 1899 bestehenden Unternehmen: der Goodyear Sewing Machine Company, der Consolidated & McKay Lasting Machine Company und der McKay Shoe Machinery Company, die jeweils Maschinen herstellten und vermieteten, die für eine bestimmte Betriebsklasse geeignet waren . Die Hauptmaschinen, die jeder herstellte, störten nicht die Hauptmaschinen anderer. Sie waren abhängige Glieder einer Industriekette. Die Goodyear Sewing Machine Company stellte hauptsächlich Maschinen zum Annähen der Sohle an das Obermaterial von Rahmenschuhen und verschiedene Hilfsmaschinen her, die bei der Fertigstellung des Schuhs halfen; Die Consolidated & McKay Lasting Machine Company stellte Maschinen zum Zwicken von Schuhen her; Die McKay Shoe Machinery Company stellte verschiedene Maschinen zum Befestigen von Sohlen und Absätzen mit Metallverschlüssen her und lieferte Material für diesen Zweck. Ein einzelner Hersteller wäre, um Goodyear-Rahmenschuhe herzustellen, gezwungen, alle Unternehmen zu unterstützen und sich an jede von ihnen zu wenden, um den Teil seiner Ausrüstung zu kaufen, den sie exklusiv lieferte. Jedes

Unternehmen hatte seine Vertreter in Fabriken, die sich um die Maschinen kümmerten.

Der Zusammenschluss dieser drei Unternehmen zu einer einzigen Organisation führte zu einer sofortigen Veränderung. Dies führte sofort zu einer größeren Wirtschaftlichkeit der Verwaltung; indem man dem Hersteller den Ärger erspart, der mit sich bringt, wenn seine Fabrik lahmgelegt wird, während sich die Bestellungen häufen; indem es ihn von dem Ärger und den Kosten befreit, die mit der Auseinandersetzung mit mehreren unterschiedlichen Problemen verbunden sind, um seine wichtigsten Maschinen zu erhalten und sie instand zu halten.

Die Aufmerksamkeit, die den Lizenzmaschinen geschenkt worden war und die ein so wichtiger Faktor beim Aufbau der Industrie in Amerika gewesen war, wurde durch die Leitung des neuen Unternehmens noch verstärkt. In den verschiedenen Bezirken, in denen Schuhe hergestellt wurden, waren große Kräfte von Männern und erfahrenen Maschinisten sowie erfahrenen Schuhmachern beschäftigt, und es wurden alle Anstrengungen unternommen, um das Wachstum der Industrie zu fördern.

Während sich das Lizenzsystem für kleine Schuhhersteller als großer Vorteil erwies, lehnten die größten Hersteller die Zahlung von Lizenzgebühren für Maschinen ab und wollten diese direkt kaufen. Da sie dazu nicht in der Lage waren, beauftragten sie Experten mit der Erfindung ähnlicher Maschinen. Dies hat dazu geführt, dass die United Shoe Machinery Company behauptet, dass es sich bei diesen Maschinen um Verstöße handelt, was zu erheblichen Rechtsstreitigkeiten geführt hat.

Wenn man die Geschichte des Handels in den letzten zehn Jahren Revue passieren lässt, wird man zweifellos feststellen, dass es sich um eine Zeit des größten Fortschritts handelt, die der Handel je erlebt hat.

In der Zeit derer, die diese Worte lasen, hat sich die Art und Weise, einen Schuh herzustellen, völlig verändert. Methoden, die sich jahrhundertelang bewährt hatten, sind verschwunden und durch Verfahren ersetzt worden, die man noch vor Kurzem für unmöglich gehalten hätte, und die einen Luxus, den einst nur die Wohlhabenden genossen, auch für Männer mit bescheidenen Mitteln zugänglich gemacht haben. Die Füße der Million sind heute so fein gekleidet wie die Füße des Millionärs von gestern. Schuhe, die sich durch Komfort, Haltbarkeit und Stil auszeichnen, haben die steifen und unbeholfenen Stiefel und Brogans in historische Museen gebracht, die noch vor nicht allzu langer Zeit von denen getragen wurden, die es sich nicht leisten konnten, ihre Schuhe von Hand nähen zu lassen.

Das amerikanische Volk gibt jedes Jahr mehr als dreihundert Millionen Dollar für den Kauf von Schuhen aus, durchschnittlich drei Paar pro Stück, und doch denken nur wenige jemals an ihre Schuhe, solange sie nicht ungeschickt aussehen, sich nicht zu schnell abnutzen oder den Fuß verletzen. Jeder möchte gute Schuhe so billig wie möglich kaufen , und jeder möchte das Gefühl haben, dass Schuhhersteller unabhängig und erfolgreich sind und dass Arbeiter gute Löhne bekommen, weil diese Dinge zum Wohlstand beitragen; aber das ist alles. Doch hier gibt es eine Branche, in der die Vereinigten Staaten innerhalb eines Jahrzehnts weltweit führend geworden sind, und es gibt viele Dinge, die es für jeden lohnenswert wäre , zu verstehen. Es lohnt sich zum Beispiel zu wissen, dass es an einem Schuh keinen wichtigen Eingriff gibt, der von Hand durchgeführt werden muss; dass bei der Herstellung jedes guten Schuhs nicht weniger als achtundfünfzig verschiedene Maschinen und manchmal sogar die doppelte Anzahl zum Einsatz kommen; dass fast alle diese Maschinen amerikanische Erfindungen sind; und dass sie so perfekt aufeinander abgestimmt sind, dass sie fast mit der Präzision einer Uhr zusammenwirken; Es lohnt sich, etwas über das wunderbare System zu wissen, unter dessen Förderung diese typische amerikanische Industrie aufgeblüht ist und Früchte getragen hat, bis sie zweihundert Millionen Dollar Kapital und fast zweihunderttausend Menschen beschäftigt und zweihundertfünfzig Millionen Paare produziert Schuhe pro Jahr; und warum der durchschnittliche Mann, den Sie heute treffen, einen besser sitzenden, besser zu tragenden und besser aussehenden Schuh hat als der wohlhabende Mann von gestern – und das zu einem Bruchteil der Kosten.

Dieses bemerkenswerte Wachstum ist eindeutig amerikanisch. In den Vereinigten Staaten besteht in der Klasse der Kunsthandwerker die Tendenz, den Slow-Hand-Prozess aufzugeben. Diese Tendenz war ebenso stark wie die Tendenz in Europa, sich ihr anzuschließen. Darüber hinaus hat sich unter den Arbeiterklassen in den Vereinigten Staaten eine Mobilität entwickelt, wie sie anderswo auf der Welt unbekannt ist.

Ein weiterer Vorteil, der zur raschen Entwicklung der Schuhherstellung in den Vereinigten Staaten beigetragen hat, ist die vergleichsweise Freiheit von überkommenen und überkonservativen Ideen. Dieses Land hat seine industrielle Entwicklung begonnen, ohne von der alten Ordnung der Dinge eingeschränkt zu sein, und mit der Tendenz seitens der Menschen, den besten und schnellsten Weg zu suchen, um jedes Ziel zu erreichen.

Nähstube einer deutschen Schuhfabrik.

In allen europäischen Ländern, in denen die Herstellung von Schuhen einen wichtigen Wirtschaftszweig darstellt, wurde der Übergang vom Haushalts- zum Fabriksystem durch Zünfte, ausgefeilte nationale und lokale Beschränkungen und durch die nationale Zurückhaltung, mit der sich ein Volk seit Generationen daran gewöhnt hatte, behindert Feste Arbeitsmethoden, in denen sie ein hohes Maß an Geschick erworben haben, geben diese Methoden auf und ersetzen sie durch neue. Es war auch natürlich, dass trotz der überlegenen Vorteile der maschinellen Methoden in den europäischen Ländern die manuelle Herstellung parallel dazu fortbestehen sollte, obwohl die maschinelle Arbeit längst den gesamten Bereich der Schuhindustrie an sich gerissen hatte Die Vereinigten Staaten.

Als ein Amerikaner zwischen den europäischen Schuhfabriken umhergeht, ist er über den Stand der Dinge sehr überrascht. Ihm fallen drei Dinge auf, die sehr auffällig sind. Dies sind: (1) Mangel an Maschineneinsatz, Mangel an Vorrichtungen aller Art, um Handarbeit einzusparen, die in den Vereinigten Staaten so häufig durchgeführt wird. (2) Mangelnde Arbeitsteilung, eine Fabrik versucht, vier oder fünf Arten von Schuhen herzustellen. (3) Fehlende Methoden zur Handhabung großer Materialmengen.

Ein Punkt, der bei der Betrachtung der Schuhindustrien beider Länder übersehen wird, ist der große Unterschied in der Organisation. In den meisten europäischen Fabriken erhält der Hersteller alle Bestellungen unterschiedlicher Art und versucht dann, in derselben Fabrik eine oder zwei

Linien mit einer oder zwei Qualitäten herzustellen. In der Schweiz findet man Schuhe und Hausschuhe für Männer, Frauen und Kinder, die unter einem Dach hergestellt werden.

In den Vereinigten Staaten stellt der Hersteller eine bestimmte Schuhlinie in einer Fabrik her und keine andere. Wenn er mehr als eine Linie hat, hat er mehr als eine Fabrik, und jede Fabrik stellt einen bestimmten Schuh für einen bestimmten Zweck her. Der Hersteller beauftragt seine Verkäufer mit dem Verkauf dieser Schuhe.

Die Vorteile des amerikanischen Systems sind: (1) Die Manager und Arbeiter einer Fabrik, die eine bestimmte Warenlinie herstellt, sind auf diese Linie hochspezialisiert und können bessere Ergebnisse erzielen als die Arbeiter in einer Fabrik, die versucht, zwei oder drei Linien herzustellen von Waren. (2) Eine große Schuhfabrik ist in der Regel auf eine bestimmte Art von Arbeit ausgelegt und ändert sich selten. Diese Praxis ermöglicht eine größere Produktion. Andererseits können wir von der europäischen Organisation etwas lernen. Amerikanische Hersteller müssen dem Außenhandel gerecht werden. Um dies zu erreichen, muss der Hersteller auf die Gewohnheiten, Gebräuche und klimatischen Bedingungen eingehen. Dies macht der europäische Hersteller.